番茄草炭基质穴盘育苗

番茄嫁接育苗

春季半圆埂覆膜栽培

马鞍畦黑色地膜覆盖栽培

番茄黄化曲叶病毒病危害状

番茄细菌性叶斑病危害状

番茄叶霉病危害状

番茄黄萎病危害状

番茄灰霉病危害状

高温干燥引起的番茄生理性卷叶

夏番茄芽枯病危害状

番茄筋腐病果实

低夜温对番茄危害状

番茄畸形花

除草剂对番茄果实危害状

番茄畸形果

蔬菜四季栽培新技术丛书

番茄四季高效栽培

编著者

应芳卿　黄　文　李自娟　刘慧超
兰金旭　王全华　刘宗立　赵英凯
赵建设　郝军红　杨琦凤　李永辉

金盾出版社

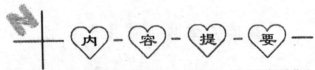

本书由河南省郑州市蔬菜研究所的专家编著。全书根据番茄生长发育特性和对环境条件的要求,对番茄四季栽培关键技术进行了系统地介绍。内容包括:概述,适宜种植番茄的环境条件,番茄四季栽培品种选择,番茄四季栽培技术,番茄贮藏保鲜技术,番茄病虫害防治技术等。本书内容全面,技术实用,文字简练,适合广大菜农和基层农业技术推广人员学习使用,也可供农业院校相关专业师生阅读参考。

图书在版编目(CIP)数据

番茄四季高效栽培/应芳卿等编著.—北京:金盾出版社,2014.11(2019.2重印)

(蔬菜四季栽培新技术丛书)

ISBN 978-7-5082-9503-9

Ⅰ.①番… Ⅱ.①应… Ⅲ.①番茄—蔬菜园艺 Ⅳ.①S641.2

中国版本图书馆 CIP 数据核字(2014)第 135883 号

金盾出版社出版、总发行

北京市太平路 5 号(地铁万寿路站往南)
邮政编码:100036　电话:68214039　83219215
传真:68276683　网址:www.jdcbs.cn
北京军迪印刷有限责任公司印刷、装订
各地新华书店经销
开本:850×1168 1/32　印张:4.625　彩页:4　字数:108 千字
2019 年 2 月第 1 版第 3 次印刷
印数:8 001~11 000 册　定价:15.00 元

(凡购买金盾出版社的图书,如有缺页、
倒页、脱页者,本社发行部负责调换)

目 录

第一章 概述 …………………………………………… (1)
  一、番茄栽培区域划分 ………………………………… (1)
    (一)东北区 …………………………………………… (1)
    (二)华北西北区 ……………………………………… (1)
    (三)长江中下游区 …………………………………… (2)
    (四)华南区 …………………………………………… (2)
  二、番茄四季栽培的概念和意义 ……………………… (3)
    (一)番茄四季栽培的概念 …………………………… (3)
    (二)番茄四季栽培的意义 …………………………… (3)
  三、番茄生产现状与发展趋势 ………………………… (4)
    (一)番茄生产现状 …………………………………… (4)
    (二)番茄生产发展趋势 ……………………………… (5)
  四、番茄四季栽培的主要形式 ………………………… (7)
    (一)春番茄栽培 ……………………………………… (7)
    (二)夏番茄栽培 ……………………………………… (9)
    (三)秋番茄栽培 ……………………………………… (10)
    (四)越冬(秋冬)番茄栽培 …………………………… (10)

第二章 适宜种植番茄的环境条件 ……………………… (11)
  一、温度对番茄栽培的影响 …………………………… (11)
    (一)番茄生长的适温 ………………………………… (11)

(二)番茄不同发育阶段对温度的要求 ……………………… (11)
　　(三)番茄植株不同器官对温度的要求 ……………………… (12)
二、光照对番茄栽培的影响 …………………………………………… (14)
　　(一)番茄对光照的要求 …………………………………………… (14)
　　(二)番茄不同生育期对光照条件的要求 ………………… (14)
　　(三)设施番茄的光照条件及其改善 ……………………… (15)
三、水分对番茄栽培的影响 …………………………………………… (15)
　　(一)番茄不同生长发育时期对水分的要求 ……………… (15)
　　(二)番茄生长发育对空气湿度的要求 …………………… (16)
四、土壤条件对番茄栽培的影响 …………………………………… (16)
　　(一)番茄根系生长对土壤的要求 ………………………… (16)
　　(二)番茄根系对土壤通气条件的要求 …………………… (17)
　　(三)番茄不同生育时期对土壤湿度的要求 ……………… (17)
五、矿质营养对番茄栽培的影响 …………………………………… (18)
　　(一)番茄生长对大量元素的需求 ………………………… (18)
　　(二)番茄生长对中、微量元素的需求 …………………… (19)
六、灾害性天气对番茄栽培的影响 ………………………………… (22)
　　(一)灾害性天气的种类 …………………………………… (22)
　　(二)灾害性天气的应对措施 ……………………………… (24)

第三章　番茄四季栽培品种选择 ………………………………… (25)
一、番茄品种选择中存在的问题 …………………………………… (25)
二、番茄品种选择原则 ………………………………………………… (27)
三、番茄主要栽培品种 ………………………………………………… (29)
　　(一)春番茄品种 …………………………………………… (29)
　　(二)夏番茄品种 …………………………………………… (34)
　　(三)秋番茄品种 …………………………………………… (35)

　　(四)秋冬番茄品种 …………………………………… (36)
　　(五)樱桃番茄品种 …………………………………… (38)
第四章　番茄四季栽培技术 ………………………………… (41)
　一、番茄育苗技术 ………………………………………… (41)
　　(一)种子处理 ………………………………………… (41)
　　(二)育苗方式 ………………………………………… (42)
　　(三)苗床管理 ………………………………………… (45)
　　(四)成苗标准及包装运输 …………………………… (47)
　二、番茄四季高效栽培模式 ……………………………… (48)
　　(一)春提早保护地番茄栽培技术 …………………… (48)
　　(二)春露地番茄栽培技术 …………………………… (52)
　　(三)露地越夏番茄栽培技术 ………………………… (55)
　　(四)高山越夏番茄栽培技术 ………………………… (58)
　　(五)夏秋茬保护地番茄栽培技术 …………………… (63)
　　(六)秋露地番茄栽培技术 …………………………… (66)
　　(七)秋延后保护地番茄栽培技术 …………………… (69)
　　(八)秋冬茬番茄栽培技术 …………………………… (71)
　　(九)越冬一大茬番茄栽培技术 ……………………… (74)
　　(十)冬春茬番茄栽培技术 …………………………… (80)
　三、樱桃番茄栽培技术 …………………………………… (84)
　　(一)设施条件 ………………………………………… (85)
　　(二)品种选择 ………………………………………… (85)
　　(三)主要种植茬口 …………………………………… (85)
　　(四)播种育苗 ………………………………………… (85)
　　(五)整地定植 ………………………………………… (86)
　　(六)田间管理 ………………………………………… (86)

(七) 种植效益及风险分析 …………………………… (92)

第五章 番茄贮藏保鲜技术 …………………………… (93)
一、番茄成熟与贮藏过程中的生理变化 ………………… (93)
(一) 番茄的呼吸作用 ……………………………… (93)
(二) 番茄的成熟过程 ……………………………… (94)
(三) 采后番茄的生理代谢 ………………………… (94)
(四) 影响番茄贮藏的因素 ………………………… (95)
二、番茄的贮藏特性 ……………………………………… (97)
三、番茄采摘与贮藏方法 ………………………………… (98)
(一) 适期采摘 ……………………………………… (98)
(二) 果实整理与贮藏场所消毒 …………………… (98)
(三) 番茄贮藏方法 ………………………………… (99)

第六章 番茄病虫害防治技术 ………………………… (103)
一、番茄病虫害防治原则 ………………………………… (103)
(一) 番茄病虫害防治的误区 ……………………… (103)
(二) 番茄病虫害综合防治措施 …………………… (104)
二、番茄主要病害及防治 ………………………………… (104)
(一) 病毒病 ………………………………………… (104)
(二) 真菌性病害 …………………………………… (109)
(三) 细菌性病害 …………………………………… (120)
(四) 生理性病害 …………………………………… (124)
三、番茄虫害及防治 ……………………………………… (131)
(一) 番茄虫害综合防治措施 ……………………… (131)
(二) 番茄主要虫害及防治 ………………………… (132)

第一章 概 述

一、番茄栽培区域划分

我国幅员辽阔,地形复杂,气候多样。北方地区是温带夏雨型气候;南方地区是温带年雨型气候;西北地区内陆气候干燥,阳光充足,昼夜温差大,为大陆性气候;东南沿海一带气候潮湿,雨水大,昼夜温差小,为海洋性气候。根据各地的气候特点,番茄栽培区域可分为东北区、华北西北区、长江中下游区、华南区。

(一)东 北 区

包括黑龙江省、吉林省、辽宁省以及高寒地区,本区低温是限制番茄栽培的主要因素,不存在夏季过热问题。东北区的大部分地区1年有近7个月时间不能露地种植蔬菜,番茄属于春播秋收、夏季栽培,一年露地种植一茬,生长期长,产量较高。一般于3月中下旬播种育苗或5月份露地直播,7~9月份采收,早霜前拉秧。东北区的沈阳市以南及辽东半岛与华北、山东半岛的自然条件相似。

(二)华北西北区

华北区以华北平原为主,包括北京市、天津市及河北省南部、山东省和河南省的部分地区。本区属于温带、半干旱地区,无霜期150~220天,冬季比较寒冷,春季气温较低,夏季温度较高,雨水集中。番茄栽培易受高温多雨、病害、涝灾的危害,对番茄产量影响较大,一般品种不易越过夏天。因此,该区番茄栽培可以分为春番茄和秋番茄,以春番茄为主。春露地栽培于1月下旬至2月份利用温室或阳畦育苗,4月份定植,6月上旬至7月上旬开始采收上市,8月初拉秧;西北区包括陕西省的西安、汉中、关中、延安、榆林,甘肃省的兰州,新疆维吾尔自治区的乌鲁木齐等地。番茄露地栽培可分为春茬、夏茬、秋茬和春到秋一年一大茬。春茬番茄,西安地区1月下旬至2月中旬播种,兰州地区2月中旬至3月中旬播种,乌鲁木齐地区2月下旬至3月下旬播种;夏茬番茄一般在4月中下旬播种;秋茬番茄一般在6月上中旬播种;春到秋一年一大茬番茄,在气候较冷凉、番茄能越夏的地区栽培,播种和定植时间一般比春茬栽培晚15~20天,收获期可延迟到当地初霜期。西北地区罐藏加工番茄多是露地一年一大茬栽培。

(三)长江中下游区

包括湖北省、湖南省、江西省、浙江省、上海市以及安徽省和江苏省的南部、福建省的北部等地,番茄栽培具体的播种时间应根据当地的气候特点、栽培方式、育苗条件及育苗技术而定。生产中一般先根据栽培方式、上市期的早晚确定定植期,再根据育苗方式及设施等确定苗龄,以定植期减去苗龄即可算出播种时间。目前,长江中下游地区番茄保护地早熟栽培模式,主要是春季早熟栽培,应用大棚套小拱棚加地膜配套保护设施栽培技术,于11~12月份播种育苗,翌年清明前后定植,5月下旬始收,7月份结束。如果利用电热温床育苗,可在2月份播种育苗。

(四)华 南 区

包括广西壮族自治区、广东省、福建省以及云南省的南部和海南省、台湾省等地。此区番茄栽培是春番茄、冬番茄。例如,广州地区气候特点是早春阴雨多、云量大,夏季温度高且时间长,并常伴有台风、暴雨;秋季天气晴朗;冬季温暖,故番茄种植以秋冬季为

第一章 概 述

主。秋露地栽培一般在8~9月份播种育苗,11月份始收,翌年3月份结束。福建省以秋冬番茄为主。近年来,在广东的北部地区以及广西的一些高海拔地区,夏季气温低,昼夜温差大,番茄夏季栽培面积迅速扩大,一般5~6月份播种,8~11月份收获。

二、番茄四季栽培的概念和意义

(一)番茄四季栽培的概念

番茄的栽培季节是指从种子直播或幼苗定植到产品收获完毕为止的全部占地时间。对于先在苗床中育苗,然后定植的,因苗期不占大田面积,苗期可不计入栽培季节。确定番茄栽培季节的基本原则是将番茄的整个生长期安排在其能适应温度的季节里,并将果实的生长期安排在温度最适宜的季节里,以保证番茄高产优质。同时,也应考虑到光照、雨量及病虫害等问题。

番茄四季栽培是指为了实现番茄的周年供应,从番茄的生长发育特性和当地自然条件出发,利用地膜覆盖、中小棚、温室等设施条件,进行番茄春提早栽培、露地栽培、秋延后栽培以及冬季栽培。每种栽培模式均有合理的生产季节及相应的栽培品种和设施条件,并有配套的栽培管理技术。

(二)番茄四季栽培的意义

番茄营养丰富,是人们生活中不可缺少的蔬菜。但由于番茄的生长发育特点和自然条件的影响,导致了番茄产品供应上的淡季和旺季。淡季时番茄的数量不足,价格高,不能满足市场的需求;旺季则供过于求,价格低,有时还造成烂果。番茄四季栽培,采用相应的配套技术,排开播种,延长供应,实现了番茄的周年均衡供给,解决了番茄生产的季节性和人们需求的经常性这一矛盾,缩小了番茄的淡、旺季差距，人们随时可食用数量充足、品质优良的番茄，同时也提高了菜农的收益。

三、番茄生产现状与发展趋势

(一)番茄生产现状

番茄又叫西红柿、洋柿子，在我国古书中称为番茄、六月柿、蕃柿，在植物分类学中属于茄科番茄属。原产于南美洲西部秘鲁、厄瓜多尔以及玻利维亚等国的高原地带，安第斯山脉至今仍有番茄的野生种分布。番茄传入我国是在17世纪或18世纪，最初是西方国家的传教士将番茄从东南亚经海路传入我国，并在我国南方沿海城市附近栽培，18世纪中叶开始作食用栽培，20世纪初开始大量栽培。番茄从播种至采收，需要2 200℃以上的生长积温。我国幅员辽阔，自北向南跨有寒温带、温带、暖温带以至亚热带和热带，气候条件复杂。随着设施农业技术的发展，季节与环境气候条件已不是限制番茄生长的主要因素，在露地条件不适于番茄生长的季节和地区，依靠温室、大棚等特定设施，将保护地与露地相结合，人为地创造适于番茄生长的环境条件，确定适宜番茄栽培的季节、栽培模式和茬口。番茄不耐霜冻，露地栽培除育苗期外，整个生长期必须安排在无霜期内。在冬季比较温暖的地区，高温多雨是限制番茄栽培的重要因素，须根据当地气候条件确定适宜的栽培时期。在生长积温不到2 200℃的内蒙古，东北地区的海拉尔、根河、满洲里以及牙克石等地，青海省的格尔木，西藏自治区的拉萨、日喀则等地，如果完全依靠露地条件栽培番茄，难以正常成熟，或只能采收少量正常的成熟果实。而在海南省等地，一年中最冷的1月份平均温度仍在17℃以上，番茄完全可以露地越冬。在我国东北、华北及西北地区，在早霜到来之后至翌年6月份以前的约

第一章 概述

8个月时间内,没有露地番茄上市,此地区的露地番茄一般以春夏栽培为主,保护地番茄栽培主要采用温室育苗和塑料大棚保护地定植栽培。特别是吉林省和黑龙江省,冬季温度很低,日照时数少,光照强度低,番茄保护地栽培主要是春提早和秋延后。因此,我国北方地区冬春番茄缺菜非常严重,必须依赖设施栽培、露地贮藏加工和南菜北运相结合的方法确保番茄的周年供应。

20世纪80年代以来,我国东北地区率先研究开发的节能日光温室用于番茄生产,在-15℃～-20℃的高寒地区,基本实现了在不加温条件下进行冬季番茄栽培,从根本上扭转了我国北方地区冬季番茄长期短缺的局面。而地处北回归线附近的我国热带、亚热带暖地,夏季田间的强辐射、高温、台风、暴雨和病虫害多等灾害性气候与不利环境的胁迫,造成夏季番茄生长障碍。近年来,这些地区采用遮阳网、避雨棚、防虫网覆盖栽培以及开放型大棚和温室的应用,有效缓解了南方夏秋淡季番茄的供应。

(二)番茄生产发展趋势

我国番茄生产历史虽然不长,但目前在生产面积上居于世界前列,而且番茄设施栽培正在迅速发展,已经取得了可喜的经济效益和调节市场供应的效果,在番茄周年供应方面发挥了关键性的作用。由于保护地番茄经济效益和科技含量高,在我国加入WTO(世界贸易组织)后出现的新一轮农业结构调整中已成为优选项目得到了快速发展。作为科技密集型的高效集约型农业,设施番茄的快速持续发展,也带动了国内一批相关二、三产业的发展,如温室制造业、覆盖材料、信息软件技术、仪器设备、包装、加工保鲜资源和种苗产业的发展,对于我国的国民经济建设、农业的现代化及持续发展有着重要的意义。总结国内外保护地番茄发展的经验和教训,今后我国番茄生产发展趋势主要有以下几项。

第一,朝着区域化、规模化、专业化和大生产方向发展。我国北方番茄将以高效节能日光温室为主,南方则以塑料大棚多重覆盖和夏季简易设施栽培为主。即我国当前将仍以节能型设施番茄为主,在技术上按普及与提高相结合的方向发展;今后的长远发展方向则必将随着世界发展的潮流,实现现代温室番茄向冬季光热资源丰富的黄淮海地区、亚热带南方地区和能源资源特别丰富的某些北方地区集中。在市场经济导向下,小农经济分散经营的方式,将向规模化、专业化大型企业或龙头企业带动农户的大生产、大市场、大流通方向转变。

第二,因地制宜优化设施结构,建立计算机环境自动控制系统。根据我国不同地区的自然、经济和技术条件,对温室进行优化设计实行番茄标准化生产。同时,要全力提高我国设施番茄的环境控制水平,研究适合我国气候特点的设施番茄的现代化温室环境优化智能控制系统,从经验的、定性的、传统的管理技术转变为定量的、智能型的精细管理和标准化管理,提高设施番茄的生产力。

第三,培育设施番茄专用品种。加速选育具有自主知识产权的耐弱光、耐低温、耐高湿、抗病虫、优质高产的设施番茄专用品种,改变长期依赖国外进口价格昂贵的设施番茄专用品种的现状,全面推广应用工厂化育苗、宇宙农场、沙漠改造等技术,实现高产出、高质量、高效益的生产目标。

第四,开发设施番茄可持续发展的栽培技术,生产无污染的绿色番茄。在设施可控条件下可以避雨,可以控制内外气体的交换,可利用天敌和昆虫授粉,与土壤隔离栽培,大大节省了化肥、农药、植物生长调节剂和灌溉水的用量,有效控制了有害物质向外界的排放。由于结构、覆盖材料的高科技化,人工能耗可减少到最低限度。同时,从播种到采收、到消费,可以全程控制,实行无污染可持续生产技术。番茄抗病虫品种和嫁接技术的应用、增施有机肥、昆虫授粉、封闭循环式无土栽培、克服连作障碍等,使设施番茄成为环保型可持续农业的有效方式,为广大消费者提供安全、卫生而又富含营养的优质番茄。

第五,精英管理技术现代化。建立温室番茄生产计算机决策支持系统,进行现代化企业管理,以最少的投入,获取最佳的效益。

四、番茄四季栽培的主要形式

我国疆域辽阔,约占亚洲面积的 1/4,具有各种气候带,而且地形复杂,自然环境对番茄生产影响很大。

近年来,随着设施农业栽培技术的发展,季节与环境气候条件已经不是限制番茄生长的主要因素,在目前市场经济条件下,效益已成为番茄栽培与供应季节调整的主要因子,所以各地应根据市场需求状况,通过权衡生产效益,确定各地适宜番茄栽培的季节、栽培模式与茬口安排。番茄四季栽培的主要形式有春番茄栽培、夏番茄栽培、秋番茄栽培、冬(秋冬)番茄栽培 4 种。但由于番茄不耐高温,生产中仍以春夏栽培为主。

(一)春番茄栽培

1. 春季露地栽培 春季露地栽培是我国大部分地区番茄栽培的主要形式,栽培面积比较大,产量比较高。冷床育苗的育苗期,早熟品种需要 60～70 天,中晚熟品种需要 80～90 天;温床或温室育苗的育苗期一般需要 60～70 天,华南地区小拱棚育苗需要 45～50 天。中原地区一般 1 月下旬至 2 月初采用阳畦、大棚、中小拱棚或温室育苗,育苗较早或天气较寒冷的地区还需加温育苗,大多采用二段育苗法,即在秧苗 2 叶 1 心时进行分苗,分苗后采用大钵(10 厘米×10 厘米)或稀植(苗间距 10 厘米×10 厘米)育大苗壮苗。终霜期过后 10 厘米地温稳定在 10℃以上时定植。不同地区定植时间不同,一般华北地区多在 4 月中下旬定植,华南地区可提早至2月份定植,东北、西北地区大多在5月份定植,长江流域可在3月下旬定植。

2. 春季极早熟多层覆盖栽培 以苏北地区的气候特点为基础形成的蔬菜大棚多层覆盖栽培技术,有效解决了沿海地区冬春季大棚保温的特殊需求。春季大棚番茄多层覆盖栽培,是指利用塑料大棚进行3~4层或更多层薄膜覆盖种植,即大(中)棚+小拱棚+草苫+薄膜+地膜等多层覆盖,将番茄播种期提前,茬口安排在冬春季节。采用2层覆盖的大棚,棚温为4℃左右,当外界气温为-2℃时,棚温仍能达到1℃;采用3层覆盖的大棚,棚温可以达到8℃左右,当外界气温在-3℃时,棚温仍能达到5℃;采用4层覆盖的大棚,棚温可以达到13℃,当外界气温在-5℃时,小拱棚内的温度仍保持在8℃。这种多层覆盖方式可以保暖防冻,促早熟,实现番茄早春早上市、冬季晚拉秧延长供应期的效果。育苗一般在10月中下旬采用冷床或大棚育苗,定植期取决于大棚内的小气候条件,一般10厘米地温稳定在8℃以上,并保持5~7天后定植,大多在11月中旬至翌年1月上旬定植,4月上中旬即可采收上市,5月上中旬采收期结束。

3. 春季早熟栽培

(1)**地膜覆盖栽培** 地膜覆盖是塑料薄膜地面覆盖的简称,是用很薄的塑料薄膜紧贴在地面上进行栽培的一种方式。目前,应用最多的地膜为聚乙烯膜,厚度多为0.005~0.015毫米。地膜覆盖栽培,改善了土壤的环境条件和近地面小气候,为根系以及植株的生长创造了优良的生长环境,成本低廉,技术简单有效。

(2)**小拱棚短期覆盖栽培** 小拱棚是指以塑料薄膜作为透明覆盖材料的拱形棚,棚高多在1~1.5米之间,内部难以直立行走,主要有拱圆形和双斜面两种类型。小拱棚短期覆盖栽培是生产上应用最多的设施类型,易于建造,投资少,见效快,主要应用于番茄的春提早定植,生产上要尽量避免与露地栽培采收期的重叠。此种栽培方式,一般于2月下旬至3月上旬温室播种育苗,4月上中旬定植,6月中旬采收,7月下旬采收结束,属于低投入高产出的栽培方式,经济效益和社会效益都十分显著。

(3)塑料大棚栽培 塑料大棚是用塑料薄膜覆盖的一种大型拱棚,与温室相比,结构简单,建造和拆装方便,一次性投资较少;与中小棚相比,坚固耐用,寿命长,棚体空间大,作业方便,有利于作物生长,便于环境调控。塑料大棚能为春季早熟番茄的生长发育提供比较适宜的温度、光照、湿度条件,是北方地区和南方部分地区番茄生产的主要形式,可比露地番茄提早上市20~40天。大棚春季番茄栽培,需棚内10厘米地温稳定在10℃以上、最低气温达到5℃以上,并保持7天左右,方可定植,淮北大部分地区可在3月中旬定植。定植过早,易发生冻害。定植时要选择无风的晴天进行,定植深度以埋至原土方即可。定植过深,地温低,不利于发棵缓苗。定植后,夜间要注意保温,在晴朗的白天,当棚内气温达25℃以上时,要通风降温、换气,下午棚内气温下降时,应放下薄膜关闭通风口。

(4)日光温室栽培 日光温室是节能型日光温室的简称,又称暖棚,是我国北方地区独有的一种温室类型。室内不加热,即使在最寒冷的季节,也只依靠太阳光来维持室内一定的温度水平,以满足番茄生长的需要。日光温室栽培是我国黄淮海流域以北地区最主要的保护地生产方式,日光温室番茄栽培可分为冬茬栽培、秋延后栽培和春提早栽培3种类型,应用较多的是冬茬番茄栽培。

(二)夏番茄栽培

我国各地夏天的气候特点不同,有些地方夏番茄容易受到高温、高湿、多雨、病害等的严重影响而失败。东北及西北地区的夏季非常适合夏番茄生长发育,而长江流域以及珠江流域的大部分平原地区,夏番茄栽培不易成功。在高海拔地区,夏季气候凉爽,温度和光照适宜,比较适合夏番茄的生长发育。例如,浙江省临安县、广东省北部部分地区、广西的桂林地区等地,夏番茄种植面积比较大。种植夏番茄的最适合海拔高度为800~1 000米。夏番茄通常在3月中旬至6月中旬播种,砧木比接穗提早播种5~7天,利用中高海拔山区夏季凉爽的气候与良好的环境资源种植夏番茄,能够在8~10月份供应市场。

(三)秋番茄栽培

秋番茄一般在7月份至8月上旬播种,10~12月份采收,具有较高的经济效益。秋番茄幼苗期高温、多雨,苗弱易受病毒病危害;后期急剧降温、光照减弱,果实发育缓慢,部分果实不能充分成熟,甚至容易受到低温霜冻的危害。为了适当遮光降温,可采用黑色或银灰色遮阳网覆盖栽培,同时还能减轻病毒病的危害。在我国长江流域及其以南地区,秋番茄多采用大棚栽培。

(四)越冬(秋冬)番茄栽培

番茄越冬茬栽培一般是8月上中旬育苗,9月上中旬定植,12月上中旬开始采收,可延长至翌年3~4月份,甚至可到6月份结束。主要供应期在元旦至春节,一直可供应到塑料大棚番茄上市。生产中应注意播种不能过早,以免受到青枯病、病毒病和高温、暴雨的危害,影响果实的正常生长。我国云南省的元江等地和海南省的海口、三亚等地区终年无霜,冬季气温在15℃以上,在冬季可以实现番茄露地栽培;我国广东、广西、台湾以及福建南部等地,无霜期长,秋冬季节大部分时间的温度适宜番茄的生长发育,可以实现秋冬露地番茄栽培。近年来,我国黄淮海流域以北地区日光温室越冬番茄栽培面积不断扩大,一般在7月中下旬至9月中下旬播种,8月中下旬至10月底定植,11月份至翌年3月份开始收获,供应冬春季市场。

第二章 适宜种植番茄的环境条件

一、温度对番茄栽培的影响

(一)番茄生长的适温

番茄属喜温性作物,对温度比较敏感,温度过高或过低,都会使番茄生长发育不良,严重时甚至受害或死亡。在正常条件下,番茄生长发育白天最适温度为20℃～25℃、夜间15℃～18℃。温度为33℃时生长受到影响;35℃以上时,光合作用基本停止,生殖生长受到干扰和破坏;短时间45℃以上的高温条件,会对番茄产生生理性干扰,导致落花落果或果实发育不良。温度降至10℃以下生长缓慢,5℃时停止生长,-1℃～-2℃时发生冷害,甚至冻死。

(二)番茄不同发育阶段对温度的要求

1. 发芽期 番茄发芽期最适温度为25℃～30℃,在28℃条件下发芽最快,低于11℃或高于35℃时种子不能正常发芽。

2. 幼苗期 番茄幼苗期植株生长白天最适宜温度20℃～25℃、夜间15℃左右。温度过高易使幼苗徒长,特别是夏季的夜间,温度过高,下胚轴生长过快,易形成"高脚苗"。温度超过35℃,植株生长停滞。番茄幼苗期对温度的适应性较强,可耐受长时间6℃～7℃低温,短时间耐受0℃～3℃的低温,早熟品种甚至能耐受短时间的0℃低温。40℃以上高温茎叶停止生长,45℃以上高温植株死亡;-1℃～-2℃低温植株冻死。生产中通常在幼苗期进行人为的低温炼苗,以10℃为宜,可以增强幼苗的抗寒能力,有利于控制徒长、培育壮苗。

3. 开花期 番茄开花期植株对温度比较敏感,特别是在开花前5~9天至开花后2~3天的这段时间内对温度要求更为严格,以白天20℃~25℃、夜间15℃~20℃为最适温度。开花期温度适宜,花芽分化良好,每一花序分化的花数较多,第一花序的着生节位也较低。若夜温低于15℃或高于32℃,花粉管伸长缓慢或停止,花芽分化延迟,每一花序的花数较少,花也较小,且容易脱落。花芽分化及开花结实均要求夜温比日温低10℃左右。

4. 结果期 番茄结果期生长发育需要一定的昼夜温差,番茄植株白天进行光合作用制造养分,夜间适当降低温度,有利于碳水化合物的运输和积累。白天最适温度为25℃~28℃、夜间为12℃~17℃。高温干燥时,果实转色快,开花后30天左右即可成熟。果实进入成熟期着色时,温度超过32℃,果实发育速度加快,但坐果率明显下降,落果严重,并且果实着色不良,果实不鲜艳,从而降低商品价值。温度低于10℃,番茄红素的合成就会受到影响,以后即使在适宜的温度条件下,果实也不会转为正常红色。同时,当夜温比日温高时,会影响番茄果实的营养积累,果实增大受阻,容易形成空洞果。

(三)番茄植株不同器官对温度的要求

1. 根系 番茄根系生长最适宜的土壤温度为20℃~23℃,不能低于13℃或高于42℃。在适宜的土壤温度条件下,根系生长发育良好,土壤中养分的转化率和利用率提高,硝态氮的含量增加,有利于根系对氮肥的吸收。土壤温度为13℃时根的功能下降,不扎根,根系发育差、活性低、吸收能力弱,番茄植株生长不良。13℃以下或38℃以上时,根毛停止生长,甚至根系停止伸长,根系吸收养分和水分受到阻碍。在番茄的栽培过程中,实际土壤低温界限为13℃,高温界限为33℃左右。

第二章 适宜种植番茄的环境条件

2. 茎 番茄茎叶生长的最低温度为8℃,最适温度为26℃~28℃,最高温度为38℃。

3. 花芽分化 番茄花芽分化对温度要求严格,从播种到第一花穗花芽分化,有效积温约为600℃;到第二花穗花芽分化,有效积温为850℃~970℃;从花芽分化到开花有效积温约为1 000℃。可以通过有效积温并结合育苗时的温度,预测花芽分化的时期。在高温条件下花芽分化虽然较早,但花的质量受到影响;在较低温度条件下育苗,虽然苗龄稍长些,但花芽分化的数量较多,花较大,着花率也高。昼夜温差对花芽分化也有影响,最适宜的白天温度为24℃、夜间为17℃,30℃以上的夜温使花芽发育不良,易形成畸形花。

4. 授粉受精和果实发育 番茄花的发育和授粉受精,对温度极为敏感。白天的适宜温度为20℃~30℃,低于15℃或高于35℃,均不利于花的正常发育和开花,致使授粉受精不良,易落花落果并形成畸形果。每朵花自花冠外露到开花,在外界气温为22℃~25℃时需4-5天,每天开花的时间多在早上4~8时,下午2时以后很少开花;温度低于15℃时停止开花,高于35℃时易落花。当花瓣开至展平时为盛花期,这时花药成熟散粉、雌蕊柱头分泌大量黏液,接受花粉。花粉发芽的最佳温度为21℃,过高或过低均会造成生理失调,引起落花。花粉发育的最低温度为13℃~15℃,如果在花期遇到突然的大幅度降温或长时间处在低温条件下,会引起落花。高温引起的落花主要是破坏了花粉的正常功能,降低了雌蕊的受精能力,叶片的蒸腾作用旺盛,呼吸作用增强,养分消耗加大,使植株处于生理失衡状态。

生产中应根据番茄各生长阶段及植株各器官对温度的不同要求标准,进行科学合理地栽培管理,使番茄一直处于最适合的温度条件下,避免出现高温和低温危害。

二、光照对番茄栽培的影响

(一)番茄对光照的要求

番茄是喜光作物,光饱和点为7万勒,光补偿点为2 000勒,光照强度减弱时光合作用强度下降。番茄冬春季保护地栽培要求较强的光照,光照充足,同化产物增加,有利于生长发育,果实光泽度好。番茄栽培适宜的光照强度为4万～7万勒。番茄对光照时数的要求并不严格,但短时间光照不利于发育,生产上应尽量增加光照时间,每天光照时数以8～16小时为宜。冬季保护地栽培,应注意拉盖草苫时间,保证见光时间不少于8小时,8小时以上则随光照时数加长,生长量增加,但最长不宜超过16小时。在温度和光照管理上,要掌握有光增温、无光不加温的管理方法,连阴天要注意通风降温,以减少呼吸消耗和防止病虫害的发生。在阴天时,即使有短时间的光照,也要关闭通风口增温,进行光合作用。

(二)番茄不同生育期对光照条件的要求

种子发芽期不需要光照,顶土露白时,要注意保湿和见光。幼苗期光照不足,会影响花芽分化的节位和质量,花芽分化随光照强度降低而推迟,且花数减少、花小,还易形成发育不全的花。同时,会造成幼苗徒长,形成高脚苗。所以,在冬春季育苗时,要保持覆盖薄膜的清洁,加大苗间距,改善幼苗受光条件。开花期光照不足,植株徒长,可导致落花落果。结果期光照不足,坐果率低,单果重下降,还容易出现空洞果、筋腐果;但是光照过强,常伴随高温干燥,会引起植株卷叶、果面灼伤,造成日灼病和病毒病的发生。生产中应在6～8月份的高温强光季节,用黑色遮阳网覆盖遮阴,以降低病毒病及日灼病的危害,提高产量,增加效益。

（三）设施番茄的光照条件及其改善

番茄保护地栽培,设施内光照条件差。一般玻璃的透光率为85%～90%,塑料薄膜的透光率为80%～85%,加上光的反射,玻璃温室和大棚生长的番茄植株,缺乏紫外线等短波光,植株容易徒长,表现为茎叶细弱、落花落果严重、果实着色不良、果实维生素含量降低。尤其是利用日光温室等设施进行越冬茬番茄生产,由于冬季日照时数少,光照弱,再加上棚膜的遮光作用及草苫的晚揭早盖,降低了棚内的光照强度,减少了日照时数,导致植株徒长早衰,果实品质差、产量低。为了解决上述问题,采取在大棚后墙上挂镀铝聚酯膜作反光幕和用农艺钠灯进行人工补光,可收到良好的效果,大幅度提高产量。同时,根据不同品种对弱光的不同反应,番茄越冬茬保护地栽培应选择耐低温弱光的品种。

三、水分对番茄栽培的影响

（一）番茄不同生长发育时期对水分的要求

番茄生长发育对水分的要求较高,一般要求土壤相对湿度在65%～85%。缺水干旱,对番茄植株的代谢和产量影响较大。发芽期种子需吸收种子重量92%以上的水分才能充分膨胀、发芽,播种后要求土壤相对含水量在80%以上;出苗后要求土壤相对湿度降低至65%～75%,以免植株徒长,发生病害。幼苗期湿度过高,秧苗易徒长,且花芽分化减少;如果极端控水则秧苗发育不良,叶面积小,花芽分化数少,发育迟缓,因此生产中应适当控制灌水。坐果前易徒长,浇足定植水后一般不再浇水。开花期,为了促进根系生长发育、增加土壤透气性,要及时松土并控制灌水。结果期应增加土壤水分,以促进果实膨大,此时缺水,则植株生长缓慢,容易落花落果,并易感染病毒病;但如果土壤水分过多,植株易徒长,根系发育不良,造成落花落果。生产中当第一花序果实膨大后,枝叶迅速生长,需要增加水分供应,冬季只暗沟浇水,一般10～15天浇1水;春季每周浇1次水,大小沟都浇。盛果期消耗水分量大,供给充足的水分是获得丰产的关键。番茄需水量虽较大,但不耐涝,田间积水24小时易使根部缺氧,窒息死亡。所以,番茄栽培应采用深沟高畦,防止田间积水,做到雨停田干。另外,在土壤干旱后突降大雨或灌水,容易发生大量裂果,在田间管理上应引起重视。

(二)番茄生长发育对空气湿度的要求

番茄生长发育要求较干爽的气候条件,在天气晴朗干燥、雨水少、空气相对湿度50%～60%条件下番茄生长最好。空气湿度过大,特别是光照较弱的阴雨天,植株生长细弱,发育延迟,阻碍正常授粉,而且容易发生病害,特别是在高温、高湿条件下病害发生更为严重。所以,番茄保护地栽培时应特别注意通风换气,防止湿度过大。但空气过于干燥,易导致植株生长发育不良,造成落花落果,在高干燥的条件下,还易发生病毒病。

四、土壤条件对番茄栽培的影响

(一)番茄根系生长对土壤的要求

番茄根系发达,主要根群分布在30厘米的耕作层内,最深可达2米,根群横向分布的直径可达1.3～1.7米。根系再生能力强,幼苗移栽后,主根被截断,容易产生许多侧根,从而使整个根系的吸收能力加强。因此,番茄对土壤要求不严格,适应性较强,但以排水良好、土层深厚、富含有机质的壤土或沙壤土最为适宜。在排水不良的黏重土壤或养分易于流失的沙性土壤中生长较差。

第二章 适宜种植番茄的环境条件

(二)番茄根系对土壤通气条件的要求

番茄根系对土壤通气条件要求较高,土壤含氧量10%左右时生长发育最好,当土壤含氧量低于2%时植株枯死,因此番茄在低洼易涝及结构不良的土壤上生育不良。番茄在盐碱地栽培生长缓慢,植株易矮化枯死。在过酸的土壤上栽培易产生缺素症,特别是缺钙,易发生脐腐病。番茄适于微酸性至中性土壤,通常适宜pH值为6~7,当pH值小于5.5时,适当施用石灰可达到增产效果。土壤溶液浓度不宜过高,过高时外渗透压增高,造成番茄植株体内养分、水分向根外倒移,会导致植株生理失调或死亡。生产中在施肥时应掌握好施用量,以免造成土壤溶液浓度过高。

(三)番茄不同生育时期对土壤湿度的要求

番茄不同的生育时期对土壤湿度的要求也有差异。苗期对土壤湿度要求不高,一般为65%左右,土壤含水量过大易造成幼苗徒长,根系发育不良。幼苗期为避免徒长和发生病害,应适当控制浇水。但进入结果期后,要求较高的土壤水分,如果土壤水分不足,势必会影响到单果重,从而影响产量。另外,第一花序果实膨大生长后,枝叶迅速生长,茎叶繁茂,蒸腾作用较强(蒸腾系数为800左右),需要增加水分供应。尤其盛果期需要大量水分供应,以保持土壤湿润,土壤相对含水量应达80%,故番茄应栽培在有灌溉条件的地区。如果土壤水分含量变化不均匀,忽干忽湿,容易形成裂果,影响果实的商品性,从而影响产量和效益。

五、矿质营养对番茄栽培的影响

(一)番茄生长对大量元素的需求

番茄生长发育期较长,植株高大,果实产量高,需要大量的营养物质,充足的养分是获得高产量和高效益的保证。据估算,每生产1万千克番茄果实,约需钾(K_2O)50千克、氮(N)28千克、磷(P_2O_5)8千克。生产上在注重增施有机肥的同时,应合理施用化肥。番茄对氮、磷、钾的吸收量以钾最高,其次是氮和磷。番茄不同品种不同发育阶段和不同的栽培条件,对营养元素的需求量也不同。

1. 氮 氮是蛋白质、氨基酸的重要组成部分,对番茄茎叶的生长和果实的发育起着重要的作用,是与产量关系最为密切的营养元素。如果氮肥不足,植株生长细弱,叶片黄化,花朵少,坐果率下降,果实小。番茄生长前期需氮量少,特别是苗期,过量易引起植株徒长。当第一穗果迅速膨大时,应适当增加氮肥的施用量。番茄对不同形态氮素的吸收,以硝态氮为好,铵态氮若过量,则生长发育不良。

2. 磷 磷是细胞核的重要组成成分,对促进番茄根系发育,促进花芽分化,提早开花结果,加速果实生长,改善果实品质和促进果实成熟有很重要的作用。同时,还有利于果实干物质增加和提高含糖量。番茄生长前期对磷的吸收较多,特别是苗期,不可缺磷,以免影响花芽分化与花芽发育。在番茄栽培的整个生育期内,当番茄第一穗果实达核桃大小时,对磷的吸收量达到全生育期的最大值。番茄吸收磷的能力较弱,特别是在低温条件下吸收更差,而且磷的移动性弱,故在配制育苗基质时应加磷肥,在定植前施基肥时应施磷肥。土壤中磷肥缺乏时,影响植株对氮的吸收,使植株产生花青素而呈紫色,应及时叶面喷施 0.3%磷酸二氢钾溶液进行补救。

3. 钾 钾对番茄细胞的代谢过程起调节作用,是吸收量最多的营养元素。尤其是果实迅速膨大期,钾对糖的合成、运输及提高细胞液浓度,加大细胞的吸水量都有重要的作用。钾元素在植株体内起促进氨基酸、蛋白质和碳水化合物的合成和转运作用,对增强幼苗抗旱力,促进茎秆健壮,提高果实品质,增加糖分和维生素的含量,促使果实着色,延缓植株衰老,延长结果期,增加产量均有良好作用。植株缺钾首先表现在老叶上,叶片边缘黄化,同时果实生长不良、抗性下降、形状有棱角、着色不均匀。严重缺钾时植株下部叶枯死,并大量落叶。番茄对钾的需要主要是在果实迅速膨大之后,结果期追施钾肥应随水冲施,也可叶面喷施 0.3%磷酸二氢钾溶液或草木灰浸出液。

(二)番茄生长对中、微量元素的需求

番茄除氮、磷、钾等大量元素外,还需要钙、镁、硫、硼、铁、锰、锌、钼等元素,但需要量较少,被称为中、微量元素。这些元素在植物体中是多种酶和辅酶的结构成分或活化剂,它们参与酶、维生素和激素的形成与激活作用,调节物质代谢,当中、微量元素供应不足时作物生长受到抑制,产量低,品质下降。肥沃的土壤或生茬土一般不缺中、微量元素。

1. 钙 钙属于必不可少的元素,番茄是一种喜钙作物,对钙的需要量较多。根吸收的钙以果胶钙的形式主要分布在细胞壁的中胶层,其次是细胞质膜的外侧,成为细胞质膜和细胞壁的重要成分。一旦发生缺钙则中胶层变软,严重时细胞壁解体,细胞膜的不完整会出现渗漏现象,易被真菌菌丝入侵,使植株组织柔软继而腐烂。钙可促进根的形成和生长,促进茎秆粗硬,提高果实中糖和维生素 C 的含量,有助于氮的代谢和碳水化合物的转流,促进磷的

吸收。钙能中和植株体内尤其是叶片中的有机酸,使细胞液生理平衡,还能增加种子活力,延长种子寿命。缺钙首先表现在嫩叶及幼果顶坏死,根尖细胞分裂受阻,根发育不良,植株上部叶片黄化,叶尖、叶缘萎蔫,叶柄扭曲,病害严重,而脐腐病果就是缺钙的典型症状。生产中番茄植株缺钙并非全是土壤缺钙而引起的,土壤干燥及土壤溶液浓度过高、施用钾肥过多、空气湿度低、连续高温等也会引起缺钙。

2. 镁 镁多存在于幼嫩组织中,是叶绿素的重要组成元素。镁的移动性比较大,缺镁症状首先表现在下部叶片上,叶脉间黄化,叶质脆弱,在果实膨大盛期靠果实近的叶片先发生。初始是叶脉间黄化和变成黄褐色,黄化先从叶片中部开始,以后慢慢扩展到整个叶片,但有时叶缘仍为绿色。一般先是失绿,后期一部分变成枯斑。果实无特别症状。主要栽培措施是提高地温和增施有机肥,应急时可叶面喷施1%~2%硫酸镁溶液,1周喷3~5次。

3. 硫 硫是蛋白质的组成元素,也是多种维生素与酶的重要组成元素。硫在植株体内移动性差,因此缺硫症状往往发生在上位叶,下位叶一般生长正常。番茄温室、大棚栽培,长期连续施用无硫酸根的肥料易发生缺硫,施用硫酸铵、硫酸钾和其他含硫的肥料即可解决缺硫问题。

4. 硼 硼可促进细胞正常生长与分裂,番茄属于需硼中量的作物。番茄植株生长点停止发育、萎缩,茎内侧和果实表皮木栓化,叶变成浓绿色等是缺硼的典型症状。土壤酸化、硼素被淋失、施用过量石灰易引起缺硼,土壤干燥、有机肥施用少、钾肥施用过量也易发生缺硼。生产中应提前施含硼的肥料,并及时用0.1%~0.25%硼砂溶液进行叶面喷施。

5. 铁 铁是合成叶绿素的必需物质。铁在番茄生长发育过程中起着重要作用,铁不足叶片褪绿,栽培番茄时,应注意配施铁肥,但不宜过量。磷素多、pH值很高时影响铁的吸收,土壤过干、

第二章 适宜种植番茄的环境条件

过湿和低温时,根的活力受到影响也会发生缺铁。铜、锰太多时易与铁产生拮抗作用,从而出现缺铁症状。生产中土壤pH值达到6.5~6.7时,禁止使用石灰,应施用生理酸性肥料。土壤中磷过多时可采用深耕等方法降低含量。如果缺铁症状已经出现,可用0.1%~0.5%硫酸亚铁溶液进行叶面喷施,也可用50毫克/千克螯合铁溶液以每株100克的用量浇施于土壤,以缓解症状。

6. 锰 锰参与光合作用和叶绿素的形成,是多种酶的活化剂,能促进脂肪酸的形成。石灰质土壤中易发生缺锰现象。番茄缺锰时,叶脉保持绿色,叶肉变黄,呈黄斑状,新生嫩叶呈坏死状。由于叶绿素合成受阻,会严重影响植株的生长发育。缺锰严重时,不能开花结实。生产中在番茄生长期或发现植株缺锰时,可用1%硫酸锰溶液进行叶面喷施。

7. 锌 锌是形成内源激素的必需物质,起活化作用。锌对植物的生长发育起着其他元素不可替代的作用,尤其对番茄更为重要,据试验报道,番茄施用锌肥可增产2.7%~24.5%。番茄缺锌时,植株顶部叶片细小,小叶叶脉间轻微失绿,植株矮化;下部老叶不失绿,但比正常叶小,有不规则的皱缩褐色斑点,尤以叶柄较明显。受害叶片几天内迅速坏死,完全枯萎脱落。生产中应在番茄苗期、花期和采收初期或发现植株缺锌时,用0.1%硫酸锌溶液叶面喷施。

8. 钼 钼主要以钼酸根阴离子被植物吸收,是植物体内固氮酶和硝酸还原酶的主要组分。根外追施钼肥,对番茄叶片硝酸还原酶有激活作用,可使植株内硝酸盐含量下降。有报道说,钼在植物对铁的吸收和运输中起着不可替代的作用。番茄缺钼时,首先表现在老叶失绿,叶缘和叶脉间的叶肉呈黄色斑状,叶缘向上卷,叶尖萎蔫焦枯,渐向内移;轻者影响开花坐果,重者植株死亡。生产中应在番茄生长期或发现植株缺钼时,用0.01%~0.1%钼酸铵溶液叶面喷施。

总之,番茄生长发育不仅需要大量元素,也需要中、微量元素,各元素间需要平衡施用。因此,生产上切忌单纯施用氮肥或仅施大量元素肥料,提倡增施有机肥和科学追肥,以满足番茄植株对各类营养元素的要求。

六、灾害性天气对番茄栽培的影响

(一)灾害性天气的种类

灾害性天气又叫恶劣天气,对番茄生产的影响较大,需要注意防范。

1. 强寒流的袭击 在每年的12月下旬至翌年2月上旬,强寒流会对设施栽培的番茄造成很大的危害。因此,在强寒流来临之前,温室外部要增加草苫保温,特别是温室的前底脚,除盖好棚膜,还要将棚膜南边的防寒裙遮好,防止因低温引起棚南边植株伤根死亡。棚室门口挂双帘,棚顶、墙壁所有孔洞用草泥封严,防止寒风侵入。有加温设备的,通过各种方式进行加温,同时控制浇水或基本不浇水,采用根外追肥提高植株抗逆性。根外追肥可采用植物动力2003,还可用15升水(1喷壶)+70~80克磷酸二氢钾+50克尿素+1~2毫升喷施宝(或叶面宝)混匀后叶面喷洒。

2. 连阴天气 生产中要特别防止连阴天气出现"倒温差"现象或昼夜温度相当的"无温差"现象。连阴天气按持续时间看,3~5天为轻度,可影响正常生长;6~9天为中度,可使病害发生蔓延,番茄生长延迟或受阻;9天以上为高度,日照不足,光合作用不能正常进行,使番茄植株处于饥饿状态,生长停止,甚至死亡。

3. 风、雨、雪天气 风、雨、雪天气会引起低温、弱光照,同时还会产生各种危害。冬季的大风可能揭开草苫和薄膜,吹入温室内,造成冷害甚至冻害。生产中如遇大风天气,应将所有的通风口

第二章 适宜种植番茄的环境条件

堵严,发现棚膜破洞要及时修补,系紧压膜绳,放下草苫以苫压膜。下雪天应正常揭苫补充光照,也可不盖苫。为了减少除雪的麻烦和积雪浸湿草苫后对棚面的压力,在降雪时可把草苫卷起,这样棚膜上的积雪还具有一定的保温作用。而对于一些跨度大、立柱少或无立柱的棚室,下雪天一定要增加临时性立柱来支撑拱架,防止积雪过多压塌棚室。雪停后要及时清除棚室上的积雪,以防积雪的重量超过棚架的承载重量而发生棚室倒塌现象。同时,要把棚室周围的雪清理到较远的地方,避免雪在融化过程中吸收较多的热量,造成棚室内温度下降。

4. 连阴天或雨雪天后突然晴天 在这种天气条件下光照、温度变化幅度大,番茄植株不能适应这种环境,造成生理功能失调,会引起叶片萎蔫,甚至整株死亡。这是因为番茄植株长期处于弱光照状态,部分根系死亡,根毛吸水肥能力极弱,突遇晴天时,叶片蒸发量增加,而此时地温尚低(日出后先升气温,再升地温),根系活力弱,因而吸水困难,叶片得不到水分的及时补充迅速萎蔫。应采取的措施:在阴天而不下雨雪的情况下,要揭苫见光,用散射光来维持植株的生命;长期阴雨天突遇变晴时,要逐渐揭苫见光或是隔1苫揭1苫,群众称之为"落花苫";揭苫后要在叶片上喷一些清水,防止因大量蒸发而失水。注意揭苫后温室内应始终有人值班,一旦发现叶片萎蔫应及时盖草苫,待慢慢恢复后再逐渐揭苫,反复锻炼3~4次即可将草苫全部拉开。

5. 一次降雪量过大 应先将覆盖物上的积雪扫掉后再揭苫,特别是用机械卷帘机的,雪停后应及时除雪并揭苫见光。若连续几天未揭苫,雪后天气骤晴应隔行揭苫或实行"回头盖"。植株适应正常天气后,要浇水、施肥,还可叶面喷施0.3%尿素或0.5%磷酸二氢钾溶液。

6. 高温干旱 高温干旱常常伴随蚜虫、烟粉虱等虫害加重,传播病毒,发生病毒病。再加上光照过强和缺少水分,导致番茄生长不良,产量和品质下降。生产中应加强肥水管理和遮阴降温。

(二)灾害性天气的应对措施

灾害性天气一旦发生,往往造成重大损失,故应从保温、增光等管理入手,配备应急设施,以防为主,做到有备无患。注意天气变化,提前做好防护深冬季节大风降温和持续雾雪天气随时发生的准备,在遇到不良天气时可以在最短的时间内实施相应的补救措施。生产中主要是加强保温措施,如前屋面草苫厚5厘米以上、温室前沿外侧挖防寒沟、提前扣膜积蓄热量等,以提高温室地温。遇强冷空气时可采取在温室内增设暖风炉等加热措施,并张挂反光幕补充光照。后墙张挂反光幕,能增加温室中后部光照和温度,改善温室温光条件,增强抗寒能力。科学揭、盖草苫,遇到连阴雪天气,在保温的基础上多见光,尽量利用阴天的散射光,即只要揭开草苫后温度不下降,就要揭苫,即使外界温度较低,揭开草苫后温度有所下降,也要在中午前后揭开草苫,让植株见30~60分钟的散射光。如果连阴天气时间过长或极端低温出现时间长,室内温度持续下降,应在温度降到番茄生长将要受害前进行补充热量增加温度,以确保植株不受寒害。加温达到番茄生物学最低温度以上即可,一般为13℃~15℃,不要过高,以免呼吸消耗量增加。在阴雪天过后放晴时,揭开草苫后由于植株水分失衡,导致萎蔫,轻则生长点受损,重则全棚蔬菜死亡,这时要注意采取回苫措施。此外,冬季温室通风透气少,应注意增施二氧化碳气肥。高温季节覆盖遮阳网或棚面甩泥浆或间作玉米等高秆作物,进行遮阴降温,也可在晚上或清晨浇井水降温。还应通过地膜覆盖栽培、暗沟灌溉、烟剂熏蒸等方法降低棚室湿度,预防发生病虫害。

第三章 番茄四季栽培品种选择

一、番茄品种选择中存在的问题

因地制宜地选用品种,是番茄四季栽培取得成功的关键措施之一。优良的番茄品种,必须具备以下特点:①经济性状优良。优良的品种应具有适宜的熟性,稳定的丰产性,优良的商品外观品质和营养、风味品质。熟性要符合栽培方式的需要,产品的外观品质,涉及产品器官的形状、大小、色泽等,常因各地消费习惯不同而有差异。②适应性强兼有一定的抗病性。包括对同一地区不同年份气候变化的适应性和对不同地区土壤、气候差异的适应性。在实际栽培中,番茄稳产丰产常常受病害发生情况的制约,所以优良的番茄品种,应该对经常发生的主要病害有一定的抗性。但是由于受育种水平的局限,有些番茄品种的抗病性往往与其优质相矛盾,即抗病的品种大多品质较差,在选用品种时应引起注意。③具有良好的整齐度和遗传稳定性。番茄作为一种商品,其商品性状的一致性和经济效益密切相关。良好的整齐度和遗传稳定性不仅是栽培的需要,更是市场的需要。品种的遗传稳定性,对地方品种和常规品种来说尤为重要,这是因为这些品种常被生产者留种,如果品种的遗传性不稳定,则势必影响所繁育种子的一致性。④高品质的种子质量。包括符合国家标准的种子发芽率、发芽势、净度以及适宜的含水量等。目前番茄品种繁多,种子市场十分活跃,菜农面对良莠不齐的众多品种,常常不知所措,在品种选择中存在的问题主要表现在6个方面。

第一,偏向选择新品种。人们往往潜意识的认为新品种就是好品种,从而年年换品种。事实上不同品种,具有不同的区域性和气候适应性,这表现在地域差异、季节差异、保护地和露地差异等方面。因此,菜农应因地制宜,根据当地的自然条件、生产方式、品种自身生长特性以及人们的消费习惯等选择适宜的番茄品种,不断积累所用品种的栽培技术经验。切勿频繁更换品种,或盲目跟随他人购买种子,从而造成收入不稳定。

第二,不注意品种更新。随着育种水平的提高和育种手段的多样化,番茄品种不断推陈出新,而且更新速度越来越快。因此,生产中应不断引进新品种试种,根据试种结果确定主栽品种。如果是农艺性状好的新品种或稀有品种,如抗病、丰产、优质、耐贮运性好的大红果品种或小果型番茄、特色番茄,在市场销路还没有打开时,应在适当的季节引进种植,引导消费市场,并根据消费趋势,确定主导品种和生产规模,充分利用最新科技成果,提高番茄四季栽培的经济效益。

第三,注重品种的高产性而忽视了抗病性。选用番茄品种不能单纯考虑产量、产值,而忽略抗病性,尤其是设施连作番茄病害逐年加重,购种时要针对当地的病害种类,选择抗病性强的品种。

第四,购买未经国家有关部门审定的品种。国家有关部门审定的品种是得到认可的可在一定区域内进行种植的品种,具有质量保证。近几年来,我国不少地方的蔬菜品种已不再进行审定,在这种情况下,慎重选择番茄品种显得尤其重要。购种前最好到农业技术部门或农业科研单位找专家咨询清楚,也可向引种成功的菜农详细了解品种的相关信息,包括品种的来源、品种的特征特性、丰产性、抗病性、抗逆性、产品的耐贮性、适应性以及该品种对种植条件、种植技术的要求。判断其是否适合本地区种植。

第五,购买劣质假种。种子质量直接关系到番茄四季栽培的效果和效益,劣质种、假种坑农、害农。按照《中华人民共和国种子法》第四十六条规定:凡以非种子冒充种子或以此品种冒充彼品种种子的,凡种子的种类、品种、产地与标签标注不符合的都是假种。劣质种子有以下特点:①质量低于国家规定的种用标准。②质量低于标签标注指标。③因变质而不能作种子使用。④杂种子的比率超过规定。⑤带有国家规定检疫对象的有害生物。部分菜农常从不法商贩手中购买便宜的但却无法保证质量的劣质假种,结果造成了严重的经济损失。所以,购买种子一定要到国营种子公司和有"三证一照"的售种单位去买,购买时要逐项检查种子的质量,如种子的光泽度、饱满度以及霉变情况,同时还要了解种子的发芽率、纯度、净度、含水量等技术指标。

第六,其他问题。有的菜农购种时不注意种子的生产日期,购买了包装不规范的过期种子。不注意阅读种子使用说明和注意事项,引起操作失误,从而影响番茄产量和品质。购买种子时没有索取发票和信誉卡,不注意保存种子包装袋、信誉卡和购种发票,在发生种子纠纷时,则没有索赔的依据。

二、番茄品种选择原则

第一,不要盲目求新。每个地区大多都有几个适宜栽培品种,这些经过试种的品种,适应性强、高产,很受市场欢迎。生产中不要盲目求新,一味偏信新品种,但也不要拒绝新品种。盲目大量种植,风险极大;拒绝则会失去商机。关键是要确认番茄育种单位,并确信真实可靠,即可试种,并尽量寻找适合自己需要的番茄品种。

第二,不要盲目购买外地种子。番茄品种有着较为严格的地区性,在甲地抗病高产是良种,但到乙地可能就是多病低产的劣种。因此,不要盲目购买外地种子,一定要选自己试种过,或别人在同一季节种过的、表现好的品种。

第三,了解市场需求,确定番茄品种。不同番茄品种有不同的消费适应性和生态适应性。不同地区人们的消费习惯不尽相同,其市场要求的番茄品种、类型存在很大的差异,比如有的地区需要粉果型品种,有的需要能长途贩运的品种。用于出口、外调时,首先要选择耐贮运的硬果型品种,同时应针对出口国家、产品调入地的消费习惯和供求季节,确定品种类型。近郊销售应选取口感好的品种;早上市效益好的产区应选择早熟突出的品种。例如河南等地市场主要以大果型粉果品种为主,但在冬季番茄紧缺的上市淡季,中果型的大红果番茄销路常常也很好。重病区首选品种是抗病性好的品种,同类番茄品种应选择价格较低的购买。另外,还应根据果实上市期长短选择品种,上市期短,可选择自封顶类型品种,成熟早且上市期集中,效益好。例如,河南省大面积推广的春提早番茄栽培,只供应5月份番茄上市淡季,过早设施条件不允许;过晚露地番茄上市,效益低,选用早熟自封顶番茄较为理想。长季节丰产栽培时,要求品种抗病、抗逆性强,生长势旺,无限生长类型品种是首选。

第四,不同栽培模式,选择不同的番茄品种。一般来讲,选择栽培期短的栽培模式时,应优先选用早熟番茄品种,以便早上市获取较大的收益。选择栽培期较长的栽培模式时,应选择生产期较长的中晚熟番茄品种。选择露地栽培模式时,春季和秋季是一年中最适合番茄生长的季节,所有品种均可获得较好的产量,以选用丰产、优质番茄品种为宜。选择冬春季保护地栽培模式时,应选用耐寒耐弱光能力强、在弱光和低温条件下容易坐果的番茄品种。用塑料大棚进行春连秋栽培时,应选择耐寒耐热力强、适应性和丰产性均较强的中晚熟番茄品种。如果是第一次购种,最好是有栽培技术资料,以供种植时参考。

第五,考虑当地番茄病虫害的发生情况,减少受害程度。就目前番茄栽培病虫危害情况来讲,露地栽培番茄必须选用抗病毒病能力强的品种。冬春季保护地栽培番茄,要求所用品种对番茄叶

第三章 番茄四季栽培品种选择

霉病、灰霉病和晚疫病等主要病害具有较强的抗性或耐性。蚜虫和白粉虱发生严重的地方,最好选择植株表面茸毛多且具有避蚜虫和白粉虱功能的品种。

第六,根据不同的栽培方式,确定不同的种植密度和播种量。购种时要明确种子真实发芽率,不同的栽培模式和定植密度各不相同。日光温室长季节栽培的宜稀植,这是因为日光温室在越冬期低温弱光时间较长,如果栽植过密,会影响透光,每 667 米^2 定植 2 200～2 600 株;四穗打尖可密植,采用大中棚高架低作,每 667 米^2 定植 3 500 株。根据定植密度,确定播种量,再根据发芽率,确定购种量。

三、番茄主要栽培品种

(一)春番茄品种

1. 春季露地栽培品种 春露地番茄一般在保护地内育苗,晚霜结束后定植于露地,以缩短露地生长期,将结果期安排在较适宜的温度和光照季节,可获得较高的产量,提早收获。但生长早期温度较低,所以要选用早熟耐低温、耐弱光、抗根结线虫病、分枝少、株型紧凑、不易徒长、抗病、高产优质的品种或杂交一代品种。要求早熟的还应选择中早熟无限或自封顶类型品种;要求采摘期长的应选中晚熟无限生长型品种;番茄生产基地要选择厚皮硬肉耐贮运的品种。

(1)春粉 2000 河南农业大学豫艺公司推出的早熟粉果番茄一代杂交种。植株白封顶类型,株高约 70 厘米,生长势强。第一花序着生在 7 节左右,花序间隔 1～2 片叶,3 序花左右封顶。幼果具青肩,成熟果粉红色。果实近圆形,单果重约 200 克。商品果率高,抗病、抗逆性强。适合春秋露地或保护地栽培。

(2)郑番06-10　河南省郑州市蔬菜研究所培育的早熟粉果番茄一代杂交种。植株自封顶类型,株高70厘米左右,生长势强。第一花序着生在7节左右,花序间隔1~2片叶,3~4序花封顶,侧枝长势强,可代替主枝继续结果。成熟期集中。幼果具青肩,成熟果粉红色,转色均匀。果实圆形、稍带棱,单果重约220克,疏后大果可达500克以上。高抗烟草花叶病毒病,耐早疫病、晚疫病和叶霉病。适合春秋露地和保护地栽培。每667米^{2}产量8 000千克左右。

(3)西粉3号　陕西省西安市蔬菜研究所育成的自封顶类型粉果番茄一代杂交种。一般株高55~65厘米,生长势较强。第一花序着生在7~8节,果实圆整,成熟果粉红色,有绿色果肩,单果重约150克。每100克鲜果实含可溶性固形物约5.1克,维生素C约12.87毫克,品质好。高抗烟草花叶病毒病,耐黄瓜花叶病毒病、早疫病。早熟,适宜于在西北、华北、华东部分地区春提早栽培和冬暖塑料大棚冬春茬栽培,也适于露地春茬栽培。一般每667米^{2}产量8 000千克左右。

(4)粉德宝Ⅱ号　硬果型杂交一代新品种。果实粉红色,肉厚耐运输。植株无限生长型,叶片较小,抗病性强,对叶霉病、灰霉病、根结线虫病等有较强的抗性。抗逆性强,耐寒,一年四季均可种植。果实苹果状,大小均匀,1穗能同时坐果4~5个,果实着色快、光泽度好。单果重400克左右,最大果600克以上,每667米^{2}产量可达15 000千克。

(5)瑰丽绝粉　无限生长型粉果番茄。果实高圆形,色泽亮丽诱人,单果重200~250克。适应性强,日光温室、春大中棚均可栽培,春露地栽培表现优秀,秋延后栽培无不良表现,长季节栽培产量提高15%左右。口感甜美,具有小番茄的口感,被誉为水果型番茄。耐运耐贮,转色期采摘,货架期10天左右;绿熟期采收,存20天以上不烂果。商品率高,气候适宜、管理得当情况下果实无

第三章 番茄四季栽培品种选择

畸形、无棱沟、着色均匀、且植株上下果实大小一致;在低温条件下,果脐收得特别好,不会因果脐极大而影响商品性,春季栽培口感极佳。

(6)粤星 广东省农业科学院蔬菜研究所"八五"期间选育的杂交一代番茄新品种。1994年通过广东省农作物品种审定委员会审定,1996年获广东省科技进步三等奖。植株自封顶类型,株高110厘米左右,花期集中,坐果率高,果实卵圆形,外形美观,平均单果重85克,青果微带绿肩,成熟果颜色鲜红、有光泽,具浅果沟。果实较坚硬,耐贮运,畸形果少。适于露地春茬栽培和棚室保护地冬春茬栽培。

2. 春季极早熟多层覆盖栽培品种 番茄春季极早熟多层覆盖栽培生长期达10个月左右,生产中应选用无限生长型品种,并要求品种具有耐低温弱光、抗逆性强、适应性广、综合抗病性突出、长期结果性好、高产等性状。

(1)华番2号 华中农业大学育成的杂交番茄品种。2009年通过湖北省农作物品种审定委员会审定,属串番茄品种。植株生长势较强,无限生长型。羽状裂叶,叶色深绿。第一花序着生6~7节,花序间隔3节。每花序坐果6个左右,果实呈鱼骨状排列,成串性较好。果实扁圆形,青果有果肩,成熟果无果肩、皮红色,单果重140克左右。对病毒病、枯萎病、茎腐病的抗(耐)性较好。经农业部食品质量监督检验测试中心对送样测定:果实可溶性糖含量约2.84%,维生素C含量约83.9毫克/千克,可滴定酸(以苹果酸计)含量约0.36%。每667米^{2}产量3 800千克左右。

(2)华番3号 华中农业大学育成的杂交番茄品种。2009年通过湖北省农作物品种审定委员会审定,属早中熟串番茄品种。植株生长势较强,无限生长型。羽状裂叶,叶色深绿。第一花序着生5~6节,花序间隔3节。每花序坐果3~4个,呈串状。果实扁圆形,无果肩,果皮红色,单果重180~210克。对病毒病、枯萎病、茎腐病的抗(耐)性较好。果实可溶性糖含量约2.68%,维生素C含量约98.4毫克/千克,可滴定酸(以苹果酸计)含量约0.29%。每667米^{2}产量4 300千克左右。

(3)金粉早冠　河南省郑州市蔬菜研究所最新育成的早熟粉果番茄一代杂交种。植株自封顶类型,株高约70厘米,生长势强。第一花序着生在7节左右,花序间隔1～2片叶,3序花左右封顶。幼果稍具青肩,成熟果粉红色,转色均匀。果实圆形,单果重约200克,品质优良。畸形果和裂果率低,果色鲜,商品性状优良,商品果率高,是目前自封顶类型番茄中成熟早、果实大、品质优良的品种。高抗烟草花叶病毒病,耐早疫病、晚疫病和叶霉病,抗逆性强。适合春秋露地和保护地栽培,更适合春提早栽培,每667米^{2}产量8 000千克左右。

(4)郑番1037　河南省郑州市蔬菜研究所最新推出的早熟粉果番茄一代杂交种。无限生长类型,7片叶着生第一花序,花序间隔3片叶。幼果具青肩,成熟果粉红色,转色均匀。果实圆整,果个中等,单果重约200克。膨果快,果肉硬,抗裂,果色鲜艳,畸形果率低,品质和商品性状优良,商品果率高。生长势强,易坐果。抗病抗逆性强,适合春保护地早熟栽培。喜肥水,丰产性强,每667米^{2}产量6 000千克左右。

3. 春季早熟栽培品种

早春番茄栽培,风险小,产量高,经济效益好,有很好的推广前景。春保护地番茄栽培生长期间正处于低温、弱光、短日照灾害性天气多的条件下,易引起植株徒长,而且营养积累偏少,造成坐果率低,果实偏小。因此,生产中应选用耐低温、弱光,不易徒长,分枝性较弱,叶量疏密适中,植株开展小且低温条件下结果性好的中熟或中早熟抗病品种。

(1)苏保一号　江苏省农业科学院蔬菜研究所选育的保护地专用品种。中早熟,无限生长型,高抗叶霉病、番茄花叶病毒病,中抗黄瓜花叶病毒病,抗枯萎病,耐低温弱光。果实高圆形,无绿色果肩,果色粉红,着色均匀,品质优。单果重250~300克,每667米^{2}产量6 000~8 000千克。若提早摘顶成熟期可提前。

(2)霞粉　江苏省农业科学院蔬菜研究所选育,极早熟自封顶类型。高抗烟草花叶病毒病,中抗黄瓜花叶病毒病,抗枯萎病。果实圆形稍高、粉红色,单果重200克左右。品质特优,抗裂耐运输,每667米^{2}产量5 000千克左右。

(3)宝冠　陕西省西安市绿色良种繁育中心选育的番茄品种,属高秧粉红果类型,商品性特优。果实无绿肩、大小均匀、高圆苹果形,果面光滑发亮,基本无畸形果和裂果,单果重200~350克。果皮厚,耐贮运,货架寿命长,口感风味好。综合抗性好,高抗番茄花叶病毒病,中抗黄瓜花叶病毒病,高抗叶霉病和枯萎病、灰霉病,晚疫病发病率低,没有发现筋腐病。耐热性好,早熟性突出。叶片较稀,叶量中等,光合效率高,在低温弱光条件下坐果能力强,果实膨大快。

(4)东农704　东北农业大学培育的番茄杂交品种。属有限生长类型,2~3花序封顶,株高60~65厘米,叶片浓绿色,生长势强。果实高圆形,果皮粉红色,果实中等大,单果重125~160克。果实整齐度高,4~5心室,果肉厚0.6~0.7厘米。中早熟品种,在哈尔滨地区生长期116天。棚栽每667米^{2}产量6 000千克以上。果肉厚,口感酸甜,可溶性固形物含量约4.5%。对烟草花叶病毒0株系和1株系表现高抗,耐黄瓜花叶病毒病,较抗斑枯病。

(5)东农712　东北农业大学育成的杂交一代种。属无限生长型,生长势较强。果实高圆形、橘红色,单果重240克左右,果实多心室,果肉厚,果形整齐,可溶性固形物含量约4.9%。抗烟草花叶病毒病。一般每667米^{2}产量7 500千克左右。

(二)夏番茄品种

夏季栽培番茄由于高温、多雨、高湿、栽培管理不当等原因而导致番茄病毒病、疫病、虫害严重发生,轻则减产,重则绝收,给生产造成极大损失。因此,越夏栽培番茄,应选择无限生长型、早熟、高产、优质、耐热、抗病、耐贮运、商品性好、适应性强的品种,具体情况还要视当地的消费习惯和环境条件而定。一般可选用豫番茄5号、合作908、中杂9号、拉比等品种。

1. 豫番茄5号 原名洛番二号,河南省洛阳市农林科学院培育的中熟杂交种。属无限生长型,生长势强,叶绿色。果实近圆形,果色粉红沙质,产量高,商品性好。平均单果重200克,每667米^{2}产量6 500千克以上。高抗各类病毒病,抗热,耐贮运,是夏番茄种植的理想品种。

2. 合作908 上海长征良种场选育成的粉果一代番茄杂交种。属无限生长类型,生长势强,株型紧凑,4穗果时株高约86.6厘米,叶深绿色。单式花序,第一花序着生于7~9节,每隔3片叶着生1个花序,每花序4~8朵花,花型正常。果实高圆形,畸形果及裂果少,果实粉红色,果肩绿色,果面光滑,果肉厚,耐贮运。心室4~5个,平均单果重154克。属中熟品种,品质好。对烟草花叶病毒病抗性强,对晚疫病有一定耐性,耐热。每667米^{2}产量5 000千克左右。适于北京、陕西、河北、河南、辽宁、吉林等地区种植。

3. 拉比 以色列泽文(Zeraim gedera)种子公司培育的品种。该品种属无限生长型,中早熟。植株生长势强,茎、叶绿色,株高150~180厘米;始花节位9~11节,果长7~7.5厘米,果径6.5~7.5厘米,单果重165~185克。成熟果红色,色泽艳丽、均匀,果实近圆形,硬度高,果面光滑有光泽,畸形果、裂果少。每100克鲜果含维生素C约28.5毫克、蔗糖约0.14%、还原糖约2.8%。青

第三章 番茄四季栽培品种选择

枯病、病毒病等发病较轻。每 667 米² 产量 4 000～5 000 千克。

4. 中杂 9 号 中国农业科学院蔬菜花卉所育成。该品种属无限生长型,生长势强,叶量中等,3 穗果时株高 78 厘米左右,8～9 叶着生第一花序,单式总状花序,每花序坐果 4～6 个,连续坐果能力强,坐果率高,果实圆整、大小均匀、粉红色,单果重 140～200 克,畸形果、裂果少。抗病性和耐热性强,适应性广,优质丰产,每 667 米² 产量 4 000～7 500 千克。高抗烟草花叶病毒病,中抗黄瓜花叶病毒病。维生素 C 含量 17.2～21.8 毫克/100 克鲜重,可溶性固形物含量 4.8%～5.6%,还原糖含量 2.41%～3.25%,糖酸比 5.42～6.53,品质上等。该品种适于露地及保护地栽培,适应性广。

5. 红粉冠军 河南省郑州市蔬菜研究所最新推出的粉果番茄一代杂交种。植株无限生长类型,叶量中等,8～9 节着生第一花序,花序间隔 3 片叶。幼果无青肩,成熟果粉红色,转色均匀。果实圆形,单果重约 300 克,品质优良。畸形果和裂果率低,果色鲜,商品性状优良,商品果率高。果肉硬,耐贮运。抗病毒病、叶霉病和枯萎病,耐早疫病、晚疫病。适合春秋露地栽培及日光温室秋冬茬和冬春茬栽培。4 穗果左右打顶,一般每 667 米² 产量 8 000 千克左右。栽培上注意避免苗期低温和植物生长调节剂施用过量,以免诱发畸形果。

(三)秋番茄品种

秋番茄生长期较短,一般在 7 月份至 8 月上旬播种,10～12 月份采收。秋番茄幼苗期高温、多雨、虫害重,幼苗极易受病毒病危害;后期温度下降、光照减弱,果实发育缓慢,部分果实不能充分成熟,而且容易受低温霜冻危害。因此,秋番茄栽培可选用耐热、抗病毒病、生长期较短的品种或一代杂种。

1. 浙粉 702 无限生长类型番茄一代杂交种。主茎 7～9 节间着生第一花序,花序间隔3片叶。植株长势强,叶色深绿,结果性好。果实圆形,幼果无绿肩,成熟果粉红色、着色一致,商品性状优良,单果重约180克,极少裂果,耐贮运性好。该品种耐热性强,高抗烟草花叶病毒病,耐早疫病,最宜作秋季栽培和冬暖塑料大棚秋冬茬栽培。一般每667米^{2}产量4 000千克左右。

2. 毛粉 802 陕西省西安市蔬菜研究所育成的无限生长类型番茄杂交种。中晚熟,生长势较强,有50%的植株长有密而长的白茸毛。第一花序着生于9～10节,节间较短,坐果集中。果实圆整,幼果有绿果肩,成熟果粉红色。单果重200克左右,最大果达560克。果脐小,果肉厚,不易裂果,可溶性固形物含量约4.9%。每100克鲜果中约含维生素C 16.46毫克,品质佳。高抗烟草花叶病毒病,抗黄瓜花叶病毒病,对蚜虫和白粉虱具有较强的驱避作用。该品种耐肥性强,稳产高产。适合春、夏、秋露地和保护地栽培。越冬茬栽培一般每667米^{2}产量1万千克以上。生产上应注意适当化控。

3. L402 辽宁省农业科学院园艺研究所培育的无限生长类型番茄杂交种。主茎8节位着生第一花序,植株生长势强,中熟,耐低温、抗病,适应性较强。果实圆形,成熟果粉红色,果面光滑,果肉厚,品质佳,较耐运输。单果重250～300克,最大果达500克,成熟期较集中。适合春、夏、秋露地和保护地栽培。越冬茬栽培一般每667米^{2}产量达1.2万～1.5万千克。注意前期易徒长,在高肥水条件下栽培应注意适当化控。

(四)秋冬番茄品种

秋冬茬番茄生长前期高温多雨、虫害重,昼夜温差小,对秧苗生长不利,高温强光容易引发病毒病;生长后期光照减弱,温度下降,对果实膨大和着色有影响;生长中期温光最有利于番茄生长发育,但时间比较短。所以,秋冬茬番茄栽培,要选择适应性好,持续结果能力强,抗病性好的品种。

1. 粉都女皇 台湾第一种苗公司培育的中早熟番茄新品种,集大果、优质、抗病、丰产、耐贮运于一体。植株无限生长型,果实大而整齐、高圆形或圆形、粉红色,无畸形果,不裂果,空洞果少。单果重250克以上,最大果达800克。果肉厚,酸甜适口,商品性好,耐贮运。既耐低温弱光,又耐高温,抗病毒病、叶霉病、灰霉病、青枯病能力强。丰产性突出,增产潜力大,适应性广,适合全国各地保护地栽培和露地栽培,特别适合日光温室秋冬茬栽培。

2. 金棚8号 西安金棚种苗有限公司培育的无限生长类型番茄杂交种。第一花序着生于8节。抗病毒病、灰霉病、疫病。早期产量集中,品质好,口感佳,可溶性固形物含量约5.3%。果实高圆形,成熟后粉红色,无青肩,果脐小,无畸形果、裂果,单果重240克左右,果皮有韧性,耐贮运。露地春茬栽培一般每667米²产量6 500~7 000千克。利用冬暖大棚保护地进行冬茬和冬春茬栽培,每667米²产量可达1万千克以上。

3. 金棚11号 西安金棚种苗有限公司培育的无限生长类型番茄一代杂种。坐果能力强,早熟,高产。果实高圆形,平均单果重260克。幼果无青肩,成熟果粉红色。抗叶霉病、根结线虫病,耐番茄黄化卷叶病毒病,在番茄黄化卷叶病毒病风险较高的地区,选用该杂交种更为安全。该品种适于冬暖塑料大棚秋冬茬和越冬茬栽培。

4. R-144(达尼亚拉) 以色列引进的番茄杂交种。植株无限生长类型,中熟。果实略扁球形,幼果青绿无青果肩,成熟后深橘红色,单果重150克左右。品质一般,突出的特点是耐贮运、抗病、丰产性强。若于转色期采收,可贮存30~50天。该杂交种对枯萎病、烟草花叶病毒病、黄萎病均有较强的抗性。冬暖塑料大棚保护地秋冬茬或越冬茬稀植栽培,每667米²定植2 000株左右,至翌年6月下旬,每667米²产量达1.5万~2万千克。在以色列每667米² 产量最高可达3万千克。

5. 粉博瑞 河南省郑州市蔬菜研究所最新推出的大红果番茄一代杂交种。植株无限生长类型,叶量中等,8~9节着生第一花序,花序间隔3片叶。幼果无青肩,成熟果粉红色,转色均匀。果实高圆形,单果重约260克,品质优良。畸形果和裂果率低,果色鲜艳,商品性状优良,商品果率高。果肉较硬,耐贮运。抗病毒病和枯萎病,耐早疫病、晚疫病。适合春秋露地栽培及日光温室秋冬茬和冬春茬栽培。4穗果左右打顶,一般每667米²产量8 000千克左右。

(五)樱桃番茄品种

樱桃番茄规模化生产,以选择硬肉品种为主,货架期长。就地销售时也可以选择多汁的软果型品种。

1. 圣女果 该品种是台湾农友种苗公司研制开发的自封顶早熟优质品种。结果多,1株可结果500个以上,每667米²栽植2 000株左右,产量4 000千克以上。果实呈长椭圆形,外观似红枣,果色鲜红,着色均匀,整体无杂色。单果重14克左右,可溶性固形物含量可达10%以上,风味独特,果肉多,汁水少,脆嫩,种粒少且小,不易裂果,耐贮运。植株高达2米以上,叶片较稀疏,抗病毒病、萎凋病、叶斑病及晚疫病等病害。

2. 郑秀2号 植株自封顶类型,6~7节着生第一花序,花序间隔1片叶,3~4序花封顶。第一花序为单总状花序,中后期为复总状花序,花序长40厘米左右,花量大,连续自然坐果能力强。花序下的第一侧枝生长势强,可代替主枝生长。抗病、抗逆性强,开花结果期长。幼果绿白色,成熟果红色、椭圆形,果顶尖,平均单果重10克,保护地栽培时果个较大。果肉较硬,抗裂果。果实可溶性固形物含量约7.5%,品质优良。田间表现抗病毒病、早疫病、晚疫病、叶霉病。种子灰黄色,千粒重约1.6克。适合露地和保护地栽培。

3. 樱红 1 号 河南省郑州市蔬菜研究所培育的樱桃番茄品种。无限生长类型,生长势强,抗病、耐热、丰产。总状花序或复总状花序,自然坐果率高。果实圆形,单果重 12~15 克。幼果具青果肩,成熟果红色、多浆。可溶性固形物含量 6%~7%,品质佳。适合保护地和露地栽培。

4. 京丹 1 号 北京市农林科学院蔬菜研究中心选育的樱桃番茄杂交种。植株无限生长类型,叶色浓绿,生长势强,抗病毒病。7~9 节着生第一花序,每穗花可结果 15 个以上,最多可结果 60 个以上。果实高圆形,成熟果红色,单果重 8~12 克。果味酸甜浓郁,唇齿留香,可溶性固形物含量约 7%,最高可达 9%。中早熟,春季定植后 50~60 天开始收获,秋季从播种至始收 90 天。在高温和低温条件下坐果性均好。适于保护地高架栽培。

5. 亚蔬六号 台湾农友种苗公司育成的无限生长型杂交一代种,早熟。植株高大,叶片较疏,复花序,1 个花序可结果 60 多个,双干整枝时,1 株可结果 500 个以上,单果重 14 克左右。果实椭圆形(似枣形),果面红亮,可溶性固形物含量高达 10%,果肉多、脆嫩、种子少,不易裂果。耐热、耐病毒病、叶斑病、晚疫病,特别耐贮运。适于全国各地露地和保护地栽培。

6. 超甜 从荷兰引进的樱桃番茄杂交种。无限生长类型,早熟。植株生长较旺盛,主、侧枝均有果穗,坐果率高,每穗坐果 15~20 个或更多,果实圆形,单果重 15 克左右,成熟果大红色。果味甘甜可口,甜味香美。果实硬度佳,较耐贮运。该杂交种抗番茄黄萎病、枯萎病。适于冬暖大棚保护地高架栽培或露地高架栽培。保护地内宜稀植,建议每平方米种植 3 株。

7. 甜喜 无限生长类型,植株生长较旺,叶色浓绿。单花序,坐果率高,果实椭圆形、粉红色,单果重约 12 克,酸甜适口,硬度佳,抗裂、耐贮运。抗病毒病、叶霉病和根结线虫病。适合露地和保护地栽培。

8. 摩丝特 荷兰进口品种。无限生长类型,植株生长旺盛,叶色浅绿。单花序,坐果率高。果实圆形、橘红色,单果重约12克,果肉硬,酸甜适口,抗裂果,不脱落,耐贮运。抗病毒病、根结线虫病、叶霉病、枯萎病。适合保护地长季节栽培。

第四章　番茄四季栽培技术

番茄是连续生长、开花结果和成熟采收的作物,喜温怕炎热,较耐寒;喜光怕强光,不需要特定的光周期;生育期长,产量高,需肥量大;结果期需水量大,植株半耐旱但不耐涝。因此,只要栽培条件适宜,可以进行多年生栽培,但生产上受环境条件的影响,多进行1年生栽培,把上市期安排在适合番茄生长和市场销路好的季节,以确保较高的产量和效益。黄淮地区为典型的大陆性气候,四季分明,无霜期长,选择合适的栽培设施条件,如中小拱棚、塑料大棚、防虫网棚、遮阳网棚、避雨塑料大棚、普通日光棚、日光温室等,这些设施条件可单独使用,也可复合选用,从而进行多种栽培模式和种植茬口安排,实现番茄周年生产四季供应、丰产高效的目的。

一、番茄育苗技术

番茄幼苗生长缓慢,为了降低管理成本,提高幼苗质量和提高土地利用率等,多进行育苗移栽。生产中番茄幼苗的来源主要有自育苗和订购苗。一般认为自己育苗放心,成本较低;购苗路途远,价格较高,但幼苗质量有保障。近年来,我国蔬菜工厂化育苗技术得到迅速发展,优质种苗供应数量逐年增加,幼苗质量和包装运输质量不断提高,正在逐渐取代农户的分散育苗而成为主要的育苗、供苗方式。

(一)种子处理

春季保护地和露地种植密度较大,每667米^{2}大田用种量为

25克;其他季节种植密度相对较小,每667米² 用种量为15～20克。没有包衣的种子播种前需要进行消毒、浸种、催芽;经过包衣的种子最好直播,不必将包衣剂洗掉后浸种催芽。

1. 消毒 杀死或钝化附着在种子表面甚至内部的病菌或病毒,是番茄防病的第一关。最简单有效地方法是温汤浸种消毒,注意严格掌握水温和处理时间,以免烫伤种子。方法是先将种子用凉水浸泡4～5小时吸水膨胀,病原菌开始萌动后放入50℃～55℃恒温的热水中,不停搅拌,水温降至室温后捞出。

2. 浸种 在室温条件下浸种6～8小时即可吸足水分。

3. 催芽 在25℃～28℃条件下48小时即可出芽。发现出芽后立即将温度降至22℃～25℃,使芽粗壮。

(二)育苗方式

番茄育苗方式有多种,按采取的技术手段可分为常规育苗、嫁接育苗、扦插育苗和组培育苗,这是生产上经常采用的分类方式。按设施条件可分为温室、大棚、电热线、遮阳网棚、防虫网棚、避雨棚等保护地育苗和露地育苗。按育苗基质可分为基质育苗、土壤育苗、水培育苗等。生产上常用的育苗方式主要有4种,即常规土壤育苗、基质育苗、嫁接育苗、扦插育苗,这4种育苗方式的优缺点比较如表4-1所示。生产中可根据不同的栽培季节选择适当的育苗方式。

1. 基质育苗 夏秋季节高温期育苗多采用此方法。可以直接购买番茄专用育苗基质,也可以自己配制基质,其原则是土质细、质轻、有营养、保水、不散坨。常用的材料有蛭石、珍珠岩、河沙、炉渣等无机基质和草炭、秸秆发酵的有机肥、废菇料、牛马粪等有机基质。多采用营养钵和穴盘育苗,也可采用育苗床育苗。

第四章 番茄四季栽培技术

表4-1 育苗方式优缺点比较表

育苗方式	优　点	缺　点
基质育苗	避免了土传病虫的危害,培育无病虫苗;基质透水、透气性好,根系发育好;便于工厂化生产;方便运输和定植,不伤根;发展前景好	根际温度受水温和环境温度影响大;营养液需定期更换,基质保水、保肥性差;投资较大,高密度育苗时要注意控制旺长;对管理水平和环境条件要求较高
常规土壤育苗	土壤育苗,根际温湿度恒定,育苗投资少,管理方便,适合大批量育苗	易感染土传病虫害,需进行育苗床土消毒或用生荏土育苗;采用营养方育苗的,起苗时易伤根,土壤比重大,不方便运输
嫁接育苗	克服土传病虫害,根系强壮,生长势强	费工,苗龄较长,要求较高的管理技术水平和良好的环境条件
扦插育苗	扩繁优良品种,苗龄短,成本低	低温生根慢,高温易感染病菌

根据季节和计划培育幼苗的大小选择营养钵和穴盘。装穴盘或营养钵前,一定要让基质浸透水,以手握基质出水但不流水为宜。播种或分苗前喷透水。多采用直播育苗,每平方米苗床播种0.5~1克,一次成苗,不分苗。营养钵和穴盘采用点播,即每穴点播1粒发芽的种子,未发芽的种子播1~2粒。以上播种方法要求种子发芽率90%以上、籽粒饱满、发芽整齐一致。也可采用二次育苗法,即先撒播,每平方米播种8~10克,幼苗2叶1心期分苗至营养钵或穴盘。播种后覆盖0.5~1厘米厚蛭石,喷透水(水从穴盘底孔滴出为宜),使基质最大含水量达到200%以上。之后定期喷水,保持基质湿润,直至出苗。在低温期也可盖地膜增温保湿,高温期可用遮阳网遮阴保湿降温,加快出苗。

2. 常规育苗 选择至少3年内没有种植过茄科作物的肥沃

田园土,每10米^{2}撒施充分腐熟过筛的有机肥100千克、磷酸二铵0.25千克,深翻20厘米,肥料与土掺匀后起出约1厘米厚的盖土。整平畦面或将掺过肥料的土装入营养钵后,浇透水,水下渗后播种。播后上盖0.5~1厘米厚潮湿的土壤,适当镇压。低温期畦面盖地膜保湿增温;高温期盖草苫或遮阳网,降温保湿,有利出苗。

3. 嫁接育苗 利用砧木品种抗土传病虫害的特性,通过嫁接,达到克服连作障碍的一种栽培形式。我国南方青枯病发生严重的地块已普遍应用,北方根结线虫、枯萎病危害较重的地区也有应用。随着番茄生产中土传病害的不断加重,嫁接栽培显得越来越重要。目前,应用的砧木品种有果砧1号、仙客1号、斯克番等。嫁接方法以针接和劈接为主。要求砧木与接穗茎粗相当,采用针接法在幼苗3~4叶期开始嫁接,砧木苗从子叶上部1厘米左右处平切掉,接穗从相同位置取下,用嫁接针将其连接固定;采用劈接法的砧木5~6片真叶时为嫁接适期,从砧木第二片叶上部平切掉,从茎中央向下劈深1~1.5厘米的切口,再将接穗苗拔下,保留2~3片叶,用刀片削成楔形,随即插入砧木切口中,对齐并用嫁接夹固定。

嫁接苗的接口愈合期为8~9天,期间要求白天温度保持25℃、夜间20℃,最高不要超过28℃,最低不低于18℃;嫁接后的前5~7天空气相对湿度保持在95%以上,以后逐渐增加通风量与通风时间。嫁接后的前3天要全部遮阴,以后半遮阴(两侧见光),遇阴雨天可不用遮阴,逐渐撤掉覆盖物,成活后转入正常管理。注意覆盖物不要太厚,应能透过微弱的光,而且遮光时间不能过长,否则会使嫁接苗徒长。

4. 扦插育苗 利用番茄易发生不定根的特性,以番茄嫩枝为材料,通过嫩枝基部发生不定根培育幼苗,保持番茄原品种种性不变的育苗方式。选田间健壮无病植株的上侧枝或根蘖,剪留8~10厘米长,去掉基部4~5厘米的叶片,留2~3片真叶。平切后扦插，扦插深度为3～4厘米。扦插床土要疏松、无菌，可以用育苗营养土及沙土、蛭石、草炭等，也可扦插在水中。可用100毫克/千克吲哚乙酸溶液，或50毫克/千克萘乙酸溶液，或二者的混合液，将插条基部浸泡10分钟后扦插，可促进发根和提高成苗率。扦插后立即浇足水，以后视温度高低和床土干湿情况，每天喷淋1～2次水。适当遮阴，避免阳光直射，保持环境空气相对湿度80%以上，白天温度保持22℃～28℃、夜间16℃～18℃，5～7天即开始生根。采用基质育苗，生根后需浇淋0.1%～0.2%的氮磷钾复合肥（三元复合肥）溶液，淋肥后再用清水淋洗1遍，每周淋肥1次，20天左右即可定植。

（三）苗床管理

1. 温度管理 番茄育苗苗床温度管理采取"二高二低一锻炼"的方法，即播种后至出苗前，温度要高，白天温度保持25℃～28℃、夜间15℃～20℃。出苗后及时通风降温，白天温度保持20℃～25℃、夜间12℃～15℃，以利苗齐苗壮，防止出现高脚苗。分苗后至缓苗前温度要高，白天温度保持25℃～28℃、夜间15℃左右，促进新根发生，加快缓苗。缓苗后通风降温，保持白天温度20℃～25℃、夜间12℃～15℃，协调营养生长和生殖生长平衡，促进花芽分化，防止幼苗徒长。定植前10天进行低温炼苗，白天温度降至20℃、夜间10℃左右，增强幼苗抗逆性。育苗期的温度一般不低于8℃～10℃，尤其是进行长季节栽培，分苗后即3片真叶至成苗期间，正值花芽分化期，温度过低常常导致花芽分化畸形。生产中冬季育苗温度管理重点是增温保温，夏季育苗则以遮阴、通风、浇凉井水降温为主。

2. 光照管理 保持良好的光照条件，可提早花芽分化期，降低坐果节位，提高花芽质量，降低落花率。可采取经常擦拭棚膜、早揭苫晚盖苫、阴雪天除雪揭苫见光、使用反光幕等措施改善光照条件,有条件的还可进行人工补光。及时分苗,保证幼苗营养面积,如因育苗条件限制,保证不了应有的营养面积,则要相应地缩短苗龄。

3. 湿度管理 苗床湿度管理采取"三高二低,上干下湿"的方法,即播种至出苗前保持较高的床土湿度,出苗后及时通风及在苗床撒干细土降低苗床湿度;分苗后至缓苗前保持苗床较高的湿度,缓苗后喷淋1次缓苗水,并及时通风降湿;缓苗后轻锄畦面,切断土壤毛细管,使床土保持上虚下实、上干下湿,达到降低苗床湿度和提高幼苗根际温度的目的;定植前浇水,有利于切块和囤苗时发生新根。基质育苗时应适当控制淋水量和淋水次数。

4. 追肥 在基肥充足的情况下一般不追肥,否则每平方米可追施磷酸二铵或三元复合肥15克,或叶面喷洒磷酸二氢钾500倍液,或尿素500~1 000倍液,也可喷洒微量元素肥料。定植前追施"送嫁肥",每平方米可追施三元复合肥15~20克。

5. 控制旺长 幼苗旺长,不利于花芽分化和产量提高。低温期可通过稀植、控温、控水、加强光照、控肥等方法防止旺长;高温期则很难进行环境控制,化学控制是最有效的方法。生产中控制幼苗旺长的方法:一是扩大育苗营养面积。营养钵的直径可扩大为10厘米以上,并要在定植前15天倒动1次,再适当放大一些距离,促苗敦壮。二是控制浇水。浇水应掌握不旱不浇,旱时喷洒轻浇。三是化控。在幼苗3片真叶期喷洒100毫克/千克助壮素(丰产灵),即50升清水中,加含有效成分25%的助壮素20毫升,每隔7~10天喷1次,共喷2次,注意严格用药浓度。

6. 病虫害防治 番茄育苗期主要有猝倒病、立枯病、晚疫病、烟粉虱等病虫害,应加强防治,防治方法参照病虫害防治部分相关内容。

(四)成苗标准及包装运输

1. 常规苗壮苗的标准及包装运输

(1)壮苗标准　①早春番茄育苗苗龄60~70天,苗高20厘米左右,茎粗0.6~0.7厘米且上下茎粗相同。具7~9片真叶,节间短且粗壮,根系白色且须根多,叶片肥厚,叶部健全,叶色深绿,叶背及茎部呈紫色。显大花蕾,花蕾肥硕饱满,着花多,第一花序着生于7~9节,无病虫寄生。②春季和晚秋育苗苗龄45天,夏秋育苗苗龄30天左右,幼苗4~5片叶,节间短且粗壮,根系白色且须根多,叶片较厚,叶部健全,叶色深绿。无病虫寄生。

(2)包装运输　苗床育苗时,于定植前3~5天大水浇灌苗畦,当水渗下、土壤能够切割成块时,切块囤苗。营养块大小以苗间距为准,一般为10厘米×10厘米×10厘米,幼苗位于营养块中央。切后整齐摆放在苗畦中,空隙处和周边用土填实。3天后有新根发出、土块变硬,可直接定植或装箱运输。营养钵可直接装箱运输。土块重且易碎,应轻拿轻放。

2. 穴盘苗成苗标准及包装运输

(1)壮苗标准　①冬春季育苗多采用50穴苗盘,成苗标准是株高约20厘米,茎粗约0.45厘米,6~8片真叶并带小花蕾,苗龄60~65天;72穴苗盘,苗龄50天左右,株高10~20厘米,茎粗0.35~0.4厘米,6~7片真叶。②夏季育苗多采用105穴苗盘,苗龄20天左右,株高13~15厘米,茎粗0.3厘米,3~4片真叶。根系将基质紧紧缠绕成根坨,取出苗时不散坨,呈根包基质状态。

(2)包装运输　运输前浇透水,将穴盘分别装箱堆叠运输。也可将苗从盘中取出,分排、分层装入纸箱中堆叠运输。冬季运输时要特别注意保温,防止冷风侵袭;夏天要注意降温保湿,防止萎蔫和黄化。穴盘苗根坨小,质量轻,适于远距离运输。一般穴盘苗的定植成活率可达100%。运输时间不得超过3天。

二、番茄四季高效栽培模式

(一)春提早保护地番茄栽培技术

1. 设施条件 可选择小拱棚+草苫和大拱棚+二道幕+小拱棚+地膜多层简易覆盖。小拱棚用4米长竹篾弯弓搭建,跨度2.6米、高1.2米左右,平畦可种8行。塑料薄膜宽4米,草苫长4米。中大拱棚跨度6米、12~14米或更宽,高度2.2~2.7米,可建成钢管骨架、竹木结构或水泥撑杆加竹木拱杆结构等,拱杆间应牵拉结实。

2. 品种选择 选择适合当地栽培条件和消费习惯的早熟、成熟集中、较耐低温、抗病的优质丰产品种,如郑番06-10、郑番1037、金粉早冠、粉达、红粉冠军等。

3. 播种时间和苗龄 采用冷床育苗于11月底至12月初播种,苗龄长70~80天。采用温室电热温床育苗于12月下旬至翌年1月初播种,苗龄50~55天。

4. 整地施肥

(1)土壤及茬口选择 番茄对土壤要求并不严格,但为了获得高产,一般选择土层深厚肥沃的土壤,pH值6.8左右为宜。番茄最忌连作,与辣椒、茄子、土豆等同科作物轮作的时间至少隔2年。轮作不仅能保持和提高地力,而且能减少和防除病害,提高产量和质量。番茄最好的前茬是禾本科作物及葱、蒜类,其次是豆科类和瓜类蔬菜,再次是十字花科类和其他耐寒性蔬菜。前茬作物收获后及时清洁田园,深翻休闲15天以上再整地种植。种植番茄的地块一定要平整,防止局部积水引起发病。

(2)整地施肥 定植前15天开始整地,如果土壤干旱,需要提前浇水造墒后再进行整地。结合整地每667米²撒施腐熟干鸡粪

3 000千克、三元复合肥30~40千克、过磷酸钙50千克,深翻30厘米,整平做畦。三元复合肥也可以结合整平做畦施在埂下,利于集中供给番茄生长所需养分,同时还可防止肥料随水流失。最好采用地膜覆盖埂栽,以利于提高地温和降低棚内湿度。同时,膜下土壤疏松,有利于根系早发育,促进早熟。也可以采用马鞍畦栽培。

(3)提前1周扣棚升温　定植畦做好后,搭建塑料拱棚,扣上塑料薄膜,闭棚升温,即烤棚。约1周后,棚内10厘米地温稳定在10℃以上时即可定植。

5. 定植　2月中旬前后选晴天定植。定植时一定要带土坨,注意不要碰散土坨或基质,避免伤根,以利缓苗。按株行距40厘米×40厘米,或30厘米×55厘米,每667米^{2}定植4 000株左右。定植深度以埋严土坨为宜,定植后浇足定植水。土壤墒情好,可穴浇,墒情不太好需要浇畦,保证每个定植穴都要浇到水。注意水温不能低于10℃。

6. 田间管理

(1)搭架绑蔓　小拱棚栽培时,由于棚太低,一般于撤棚后搭四角架绑蔓。大棚栽培时,当植株生长至20厘米高时及时搭架绑蔓,以后每3片叶或每花序前绑1次蔓。

(2)温度和光照管理　定植初期的管理重点是防寒保温。一般定植后3~4天内,闭棚升温,可适当晚揭早盖草苫。光线过强时,中午适当遮阴,以加快缓苗。缓苗后,从棚两头通风,温度低时放顺风口。通风口应距地面0.5米,防止棚口处低温影响幼苗生长,通风口要用防虫网遮挡。一般白天棚温控制在25℃左右,夜间12℃~15℃,空气相对湿度控制在45%~55%。随外界气温升高,逐渐加大通风量,延长通风时间。进入4月份,气温升高,但不能急于撤棚,尤其遇高温干旱时。中午前后适当进行遮阴,适时小水勤浇,改善番茄生长环境,同时加强病虫害防治。必须撤棚时,应改换防虫网,防止蚜虫危害传毒和高温干旱影响番茄正常生长发育。

(3)中耕　一般全生育期中耕2～3次,第一次深中耕在定植缓苗后,同时进行适当培土。此次中耕深度不浅于5厘米,有利于促进根系下扎,提高地温,降低棚内湿度和防止病害发生。以后中耕均在浇水后进行,宜浅中耕,距苗较近处宜浅,较远处略深。进入结果期,中耕只是破除土壤表面的青苔或除草。尤其是地势低洼处,浇水后一定要及时中耕,促进水分散失,提高土壤通气性,降低地表湿度,减少病害发生。

(4)肥水管理　定植时浇足定植水,坐稳果前一般不再浇水。若定植水不足,应在缓苗后或开花前浇1次小水。马鞍畦栽培时,以浇小畦为主。第一穗果蛋黄大小时,是番茄需肥水的关键期,应及时浇"催果"水,追"膨果"肥,一般结合浇水每667米^{2}追施尿素12～15千克。浇水量不宜过大,防止降温过多影响番茄生长。第三穗果进入膨大期时,每667米^{2}追施尿素15～20千克、硫酸钾20千克,或追施三元复合肥30～40千克。进入果实膨大期后,保持土壤"见干见湿",即浇水后,没有锄过的地,中午前后地面发白见干,晚上和早上湿润,证明还不缺水;如果只见干,不见湿,证明土壤缺水了,需要及时浇水。每次的浇水量不要高于灌水沟的2/3,避免漫灌引起土壤板结和病害发生。同时,春季温度低,为了促进番茄生长,提早上市,应注意"浇晴不浇阴"、"浇早不浇晚",即选择晴天上午浇水,最好选择初晴日的上午;切忌头天浇水,翌日阴雨,这样很容易因田间湿度大引发病害。近年来,早春番茄灰霉病的流行性发生就与生产中片面追求高产、浇水量偏大、地温偏低、环境湿度过大等有关。

(5)搭架绑蔓和整枝打杈　定植后及时搭架绑蔓。如果用小拱棚覆盖栽培,可等外界温度恒定、撤棚后再搭架绑蔓。搭架可搭四角架或六角架,用绑蔓器或稻草、尼龙草绑蔓。一般每花序下方绑蔓1次,防止果穗劈折。绑蔓的松紧要适宜,过紧影响生长,过松田间密度不均匀。采用单干整枝,有利早熟。自封顶品种选留第二或第三花序下强壮的侧枝作为结果枝,其余侧枝全部去除。结3~4穗果后,其上留2片叶打顶。第一次打杈在侧枝长约10厘米或进入开花期时及时进行。植株生长势偏弱时,侧枝可适当留叶摘心,以增加营养面积。以后除选留结果枝外,见杈就打。当第一穗果实进入转色期时,及时摘除下部老叶、病叶,以利于通风透光,减少病害发生和养分消耗,促进果实成熟。

(6)保花保果与疏花疏果 春季小拱棚栽培时,管理不方便,进入开花期后,应及时用植物生长调节剂处理保花保果,同时进行整枝打杈,以利坐果和果实膨大。当1个花序有2~3朵花开放或半开放时,用25~30毫克/千克番茄灵溶液喷花序1次,喷时用手遮挡,防止喷洒在植株或叶片上引起药害,隔3~4天喷1次。每穗花选留无畸形的果实3~4个,疏除过多的花、果,提高商品果率。第一花序的留果数依植株生长情况而定,长势弱时适当少留,每穗留果1~2个;长势旺时每穗留果2~3个,有利植株生长和提高总产量。

(7)采收 早春番茄上市越早,价格越高,效益越好。果实全部转色时采收,也可进行催熟,以提早上市。即当番茄果实由绿转白时,用2 000毫克/千克乙烯利溶液(即40%乙烯利200倍液)点果蒂催熟,这样不影响果实品质和商品性。在25℃条件下可提早上市7天。

(8)病虫害防治 该茬番茄一般病害较少。在低温阴雨天气多的年份,每隔7天用药防治1次疫病、灰霉病、叶霉病等真菌性病害。早春高温干旱年份,生长后期要特别注意防治蚜虫和条斑病毒病。

7. 种植风险及效益分析 该茬番茄生产投资较低,环境温度逐渐由低到高,管理相对温室栽培较简单,种植风险较小。上市期在 5 月上中旬前后,6 月上中旬拉秧,每 667 米² 产量 7 500 千克左右,价格高,经济效益好。生产中应注意的是,育苗期温度低,应加强增温保温,防止出现畸形果,影响前期产量和效益。定植前期应留意天气预报,避免晚霜冻和低温危害;撤棚后,注意防治蚜虫和预防条斑病毒病发生。近年来,暖冬和暖春、干旱总是接踵发生,加上蚜虫传播病毒,导致春季番茄条斑病毒病经常发生,发生时间从 4 月上旬至 6 月上旬,给生产造成严重损失。因此,为了确保生产成功,最好采用大棚塑料薄膜全程覆盖栽培,改善田间小气候,避免病害发生。也可以在塑料薄膜撤掉后覆盖防虫网,阻断传毒媒介,避免发病。

(二)春露地番茄栽培技术

1. 品种选择 一般品种均可种植,但以选择较耐热、抗病、优质丰产品种为宜,如红粉冠军、越夏红、金粉早冠等。

2. 播种时间和苗龄 1 月底至 2 月初播种育苗,苗龄 50～70 天。

3. 田块选择及整地施肥 黄淮地区一般春季干旱少雨,应选择有灌溉条件、地势平坦肥沃的地块种植。如果土壤干旱,整地前要先浇水造墒。结合整地每 667 米² 撒施腐熟干鸡粪 2 000～3 000 千克,深翻 30 厘米,耙平做畦。畦埂下每 667 米² 再施腐熟干鸡粪 1 000 千克、三元复合肥 30 千克,畦高 15～20 厘米,覆盖地膜增温。透明地膜有利于提高地温,黑色地膜有利于防除杂草。黏土地地区可采用马鞍畦栽培,便于浇水后田间管理。

4. 定植 一般在 4 月中旬断霜前后定植。采用宽窄行栽培,株行距 30 厘米×60 厘米,每 667 米² 定植 3 600 株左右。双株栽培时,穴距 60 厘米。双株栽培的优点是定植时省力、省工,绑蔓时斜拉可削弱植株生长势,有利于坐果。定植位置在畦埂的中下部,定植深度以埋严土坨、子叶距地面约 1 厘米为宜。徒长苗采用"船形"栽培(即倾斜栽培),不宜定植过深,以防低温影响缓苗。

5. 田间管理

(1)中耕 春季地温低,中耕有利于提高地温和促进根系生长发育,全生育期一般中耕2~3次。第一次深中耕在定植缓苗后,同时适当培土。此次中耕深度不低于5厘米左右,有利于提高地温,促进根系发育和下扎,促进植株生长发育,增强番茄抗旱性,所谓的"锄头有粪,越锄越嫩"就在于此。以后中耕均在浇水后进行,中耕深度渐浅。进入结果盛期后,番茄枝叶繁茂,已封垄和遮掩地面,根系发达,一般不再中耕,只进行除草。

(2)肥水管理 定植时浇足定植水,第一穗果坐稳后,及时浇"催果"水,追"膨果"肥。一般每667米^{2}追施尿素15千克。每次浇水量不宜过大,防止降温过多影响番茄根系生长。遇倒春寒时,应提前浇水防霜冻。第二和第三穗果进入膨大期时,每667米^{2}分别追施尿素15~20千克、硫酸钾20千克,或追施三元复合肥30~40千克。生长后期雨水多,应注意及时排涝,防止水淹。露地番茄生长受环境影响大,应视天气情况浇水,"浇晴不浇阴",防止弱光高湿引起徒长。徒长枝叶幼嫩,遇天气骤晴,叶片容易灼伤,还容易发生芽枯病。进入5月下旬以后,气温升高,宜"浇早浇晚"(即早上浇水或晚上浇水),避开中午高温期浇水,有利于降低夜温,加大昼夜温差,促进养分积累,增强植株抗逆性,提高产量。进入采收期后,浇水量和浇水次数可适当增加,保持地皮不干,均衡适量浇水,避免忽干忽湿引起裂果。该茬番茄进行越夏栽培时,立秋后气温降低,可追施1~2次稀粪水,促使植株生长势的恢复,提高后期产量。也可用1%~2%过磷酸钙浸出液、10%草木灰浸出液或微量元素肥料叶面喷洒1~2次,采收期可延长至霜降。

(3)搭架绑蔓 露地风大,定植缓苗后应及时搭架绑蔓,防止大风吹折植株。搭架最好采用"人"字架或篱笆架。绑蔓最好用新稻草,不宜用尼龙绳,以防高温老化引起栽培架和植株倒伏。采用扭"8"字绑蔓,防止番茄茎秆与竹竿摩擦引起碰伤。该茬番茄生长中后期光照强,绑蔓时最好将果实朝向架内,防止强光灼伤。进行双株栽培时,架杆均匀插在定植穴两边,待植株充分生长后,每架杆上绑缚1株。

(4)整枝打杈　可采用单干整枝、双干整枝或一干半整枝。单干整枝有利早熟,双干整枝有利提高自封顶番茄的总产量,一干半整枝有利提高前期产量。单干整枝只留主干,其他侧枝全部去除;双干整枝多选留第一花序下的侧枝,其余侧枝全部去除;一干半整枝是选留第一侧枝,侧枝结果1穗后其上留2片真叶打顶。生长后期注意保护叶片,防止果实日灼。

(5)保花保果与疏花疏果　该茬番茄保花保果与疏花疏果方法同春提前保护地番茄栽培。一般留果3~4穗,也可以让其继续生长,延迟至下霜前拉秧。

(6)采收　前期当果实接近全部转色时采收。后期气温高,可根据运输销售情况,采收硬熟期或进入转色期的果实。天气预报有雨时,应提前将进入转色期或绿熟期的果实采收,以防裂果。

(7)病虫害防治　遇连阴天气,每隔7天用药防治1次早疫病、晚疫病、叶霉病、芝麻叶斑病等真菌性病害。高温干旱年份,应特别注意防治蚜虫和条斑病毒病。前期干旱和后期高温多雨常导致脐腐病等病害发生,应加强防治。

6. 种植风险及效益分析　该茬番茄生产成本低,种植风险小。上市期在6月上旬,7月上中旬拉秧,每667米^{2}产量7 000千克左右,效益比较高。生产中应该注意的是,育苗期温度低,应加强增温保温,防止分化畸形花,影响前期产量和效益;并经常留意天气预报,避免晚霜冻危害。春季遇高温、干旱、强光照天气,应注意防治蚜虫,尤其是桃蚜和麦蚜,以防传播病毒,诱发番茄条斑病毒病,此病是近年来制约露地番茄生产的限制因素。

(三)露地越夏番茄栽培技术

1. 品种选择　选择生长势较强、抗病、耐热、抗裂、耐贮运、果穗相对松散的无限生长型品种,如越夏红、红粉冠军等。也可以选用抗番茄黄化曲叶病毒病品种。

2. 播种时间和苗龄　根据茬口安排适时播种,一般麦茬番茄4月下旬播种,蒜与洋葱茬番茄4月上中旬播种或3月下旬播种。育苗季节气温适宜,可以采用露地育苗或简易保护地育苗。苗龄一般45天左右,5~6叶小苗定植,防止苗大伤根。这是因为定植期高温,不利于伤口愈合,且容易感染病害。

3. 田块选择及整地施肥　选择排灌方便、通风良好、3年没有种植过茄科作物的地块,生产中多选用麦茬、蒜茬、洋葱茬、早春包菜茬等。结合耕地每667米^{2}撒施腐熟干鸡粪2 000千克,深翻约30厘米,整平,做成半圆畦,畦埂下每667米^{2}再施三元复合肥30千克。畦高约20厘米,畦宽50~60厘米,畦间距80~90厘米,有利于通风降温。

4. 定植　5月中下旬至6月中旬定植,适当稀植,有利通风。幼苗定植在畦埂中下部,方便浇水。水浇条件好时,采用深沟高垄栽培,这样进入雨季后可避免涝灾。如果气候干旱,也可平地定植,缓苗后中耕封土成畦。株行距30~50厘米×65~70厘米,每667米^{2}定植3 000~3 300株。

5. 田间管理

(1)中耕　夏季中耕主要是除草、除青苔和防止土壤板结,增强土壤透气性。第一次中耕在定植缓苗后,并适当培土。以后每次浇水后或大雨过后均要及时中耕和除草。夏季中耕不宜深。

(2)肥水管理　夏季温度高,番茄需水量大,浇水次数应多。定植时浇足定植水,促进幼苗生长,争取在进入高温期前,枝叶生长充分,以遮盖地面,降低地温。同时,在雨季到来前,使植株坐稳第一穗果。前期浇水应适当控制,促使根系深扎,增强植株抗旱性。追肥以穴施为主,防止雨水造成肥料流失。施肥量和施肥时间参照春露地番茄栽培技术部分的相关内容。浇水时间以晴天早上或傍晚及夜间为宜。进入雨季后,注意雨后排水和晴天暴雨过后用井凉水浇地,降低地温,即所谓的"涝浇园",同时注意及时追肥。缓苗后叶面喷洒0.3%~0.5%尿素溶液,或0.2%磷酸二氢钾溶液,促使幼苗生长,增强抗病能力。进入果实膨大期后追肥应掌握少量多次,不能偏施氮肥。在基肥充足的情况下,一般追施2~3次,每次每667米^{2}追施硫酸铵15~20千克,或尿素12~15千克、硫酸钾10千克,或三元复合肥30千克,或番茄专用肥40千克。雨季施肥量适当大一些,以确保土壤养分浓度,促进植株生长和果实发育。同时,结合喷施叶面肥,均衡植株养分供应,防止空洞果、裂果、茎穿孔、芽枯等生理性病害的发生。立秋后气温降低,可追施1~2次稀粪水,促使植株生长发育和果实膨大,提高产量。也可用1%~2%过磷酸钙浸出液、10%草木灰浸出液或微量元素肥料喷洒叶面1~2次,避免缺素症发生,采收期可延长至霜降。

(3)地面覆盖 夏季地温高,雨水多,不利于根系生长,同时雨水溅起的泥土易携带绵腐病菌、晚疫病菌等土传病菌,常导致植株生长势衰弱和茎、叶、果实感染病虫害。用麦秸等秸秆覆盖畦埂,有降低地温、防止土壤板结、避免暴雨冲刷、减少养分流失、防除杂草、保肥和降低田间湿度、预防病害、减轻裂果等作用。浇水畦最好不盖,以便于浇灌和排水通畅。

(4)搭架绑蔓 夏季雨水多、风大,搭架以"人"字架、篱笆架为主,防止架杆倒伏。搭架时,竹竿直插入土20厘米左右,上部竹竿交叉绑缚处距地面不低于1.5米,保证架内足够的空间,有利通风。绑架杆不要用尼龙绳,防止老化脱落。绑蔓方式同春露地栽培。

(5)植株整理 可采用单干整枝或选留抚养枝的整枝方式。

夏季温度高、光照强,植株生长衰弱,易发生果实灼伤。采取选留抚养枝的整枝方式,番茄根系比单干整枝强,增加了植株的营养面积,植株生长健壮,抗逆性较强。果穗周围的其他侧枝也可以根据叶量的大小,适当留叶摘心,保护果实免受灼伤。一般单株结果5～6穗,拉秧前40天或9月上中旬,在最上层进入开花期花序的上边留2～3片叶打顶;对于叶量减少或生长势衰弱的品种,上部侧枝只摘花不打杈,以保证足够的叶面积,制造足够的养分供上部果实生长。

(6)保花保果　夏季番茄生长快,成花量少。当夜温高于20℃和日温高于32℃时,花粉发芽率降低,花粉管伸长迟缓,影响受精和子房的发育。高温干燥往往使花柱伸出雄蕊筒之外,影响自花授粉和受精,造成柱头干枯、子房枯死而脱落。在高温多湿的情况下,花粉吸水膨胀,不易从花粉囊中散出而影响授粉。尤其是夜间20℃以上的高温使呼吸作用旺盛,营养物质积累减弱,花器官发育不良、瘦小黄化、生理失调,进而凋萎脱落。对于发育正常的花朵,必须及时用植物生长调节剂处理,进行保花保果。在30℃以上条件下,药剂浓度随温度的升高而增加,使用时间应在上午10时前后或下午4时后,中午前后高温、强光条件下不宜使用。高温期番茄对药剂表现敏感,施用时一定要避免喷在茎叶上引起药害。植物生长调节剂使用浓度和方法,参照春露地番茄栽培技术部分的相关内容。高温和植物生长调节剂使用不当,番茄会分化畸形花,发育畸形果。坐果后应及时检查,发现畸形果应及时摘除,每穗留果3～4个。

(7)控制旺长　在高温高湿和阴雨连绵气候条件下,番茄容易徒长,成花数量减少、花芽不饱满,常导致坐果率下降,而且徒长植株遇连续高温、强光天气,容易发生芽枯病。生产中定期用250毫克/千克矮壮素溶液,或150毫克/千克助壮素溶液喷生长点,可控制旺长,喷后12小时遇雨需重喷。

(8)采收 夏季温度高,番茄转色快,可以早采。一般外销产品于转色初期采收,采后贮存在低温凉爽处,有利转色。

(9)病虫害防治 越夏番茄生长期气温高、光照强、雨水多,进入雨季后应注意防治绵腐病、早疫病、细菌性斑点病等侵染性病害。注意保护叶片,预防果实日灼病发生。加强田间管理,合理施肥,暴雨过后及时排水,同时叶面喷洒钙肥,可减少脐腐病的发生。开花期注意防治棉铃虫,进入7月份后注意防治烟粉虱和黄化曲叶病毒病。根结线虫病严重的地块,要加强灌根防治。

6. 种植效益及风险分析 7月下旬至8月中旬采收上市,不抗番茄黄化曲叶病毒病品种留4穗果,9月中旬拉秧,可接茬种植大蒜等。单株结果7~8穗的,霜降拉秧。此期上市番茄量少,单价高,但受环境条件影响,裂果和病果多,单产偏低,一般每667米^{2}产量7 000~8 000千克。生产中应注意:一是露地越夏种植番茄,在7月上中旬进入雨季前,必须加强管理,促使第一花序坐果,避免植株徒长影响产量。二是该茬番茄病虫害种类多,生育期间温度高、雨水多、光照强,因此应加强田间管理,注意防治病虫害和防止田间积水,同时保护叶片,减少因强光直射引起的果实灼伤、转色不良、果皮老化和裂果。三是该茬番茄结果期正值高温多雨季节,夜温高于22℃,植株呼吸旺盛,消耗养分多,易诱发空洞果,影响果实商品性和耐贮性;同时,暴雨常导致植株枯死和脐腐病的大面积发生,需要采取适时浇水、排涝、降温和增施肥料等栽培措施。

(四)高山越夏番茄栽培技术

1. 适宜的海拔高度和栽培模式 高山番茄生产适宜的海拔高度为600~1 200米。海拔高度600~900米的地区,采用1年2茬耕作制度,即小麦、番茄。由于种植番茄时施肥量大,土壤肥沃,接茬小麦产量高,同时小麦的种植又能减轻番茄的连作障碍。海

第四章 番茄四季栽培技术

拔高度 900~1 200 米的地区,温度较低,小麦收获晚,番茄生育期短,产量低,一般采用番茄单季作。如果采用间作套种模式,种植小麦时,按 1.6 米宽做畦,播种 6 行小麦,预留 60 厘米番茄定植带,也能取得较高的产量和较好的经济效益。高山越夏番茄应选择易排水,远离汇水口处,通风但风力不大的地块种植。

2. 适宜的栽培季节 高山番茄栽培主要安排在夏季。其主要原因有 7 个方面,一是与平原地区相比,高山地区夏季气候凉爽,昼夜温差大,有利于番茄生长,番茄产量高、品质好、病害少。二是高山地区地势起伏不平,浇水不方便,一般依靠雨水浇灌,夏季雨水多。三是番茄生长期需水量大,因此种植番茄可避开春旱季节,避免与人、畜争水。育苗期用水较少,提前育苗,用山区集雨水窖贮存的水即可满足需要。开花结果期进入雨季,雨水频繁,不用浇水,100%雨水灌溉,关键是做好排水。四是高山耕地土壤矿质营养丰富,植被茂盛,有机质多。五是山区工厂少、汽车少、地广人稀,无污染,空气质量好。六是此茬番茄上市期在 8 月中旬至 9 月下旬,正值番茄市场淡季,价格高,效益好。七是既可保证山区居民的粮食生产,又能提高经济收入。为此,高山番茄栽培,一般选择 6 月中下旬定植,如果干旱,应先浇灌少量定植水,促进缓苗,7 月初左右开始进入雨季,不需要再浇水。

3. 品种选择 选择早熟、抗病性强、抗裂果、商品性好、耐贮运、自然坐果率高、优质丰产的品种,如金粉早冠、粉达、樱秀 2 号等。

4. 播期选择和苗龄 海拔高度 600~900 米的地区麦茬番茄 5 月中旬播种,高海拔地区单作或间作番茄可提前至 4 月中下旬至 5 月上旬播种。苗龄 45 天左右、5~6 片叶定植。最好采取自己育苗,也可购买优质无病虫苗,但要防止将病虫害带入山区。苗期每周叶面喷洒 1 次健植保、氨基寡糖素或甲壳素溶液(按产品说明书浓度),以增强番茄抗病和抗逆性。

5. 整地施基肥　小麦收割后使用旋耕机深翻压茬,整平耙细土壤。顺地势和风向做畦,以利田间通风和排水。做畦要根据当年的天气,如果天气干旱,可采用平畦或开沟栽培,穴浇或沟灌定植水,随着雨季的到来,逐渐起垄。也可以起50厘米宽的畦埂,把番茄苗定植在畦埂中下部,有利于苗期提墒、保墒,随着幼苗的生长和雨季到来,逐渐培土,有利防涝。如果气候适宜,可直接起垄,采用深沟高垄栽培,畦宽约1.4米,其中垄宽约80厘米、高15～20厘米,垄面略呈龟背形。一次性施足基肥,一般每667米^{2}施腐熟有机肥2 000～3 000千克、过磷酸钙50千克、三元复合肥50千克,深翻20厘米左右。平畦栽培时,基肥全部撒施,深翻后整平定植。起埂栽培时,2/3基肥撒施,1/3做畦时施于埂下,或每667米^{2}埂施腐熟有机肥1 000～1 500千克、过磷酸钙25千克、三元复合肥30千克,深锄,与土混匀后起埂。

6. 定植及地面覆盖　高山地区夏季雨水多,为防止番茄徒长、促进坐果和减轻病害发生,应适当稀植。采用宽窄行定植,每垄定植2行,窄行距为50～60厘米、宽行距(走道)为80～90厘米,株距35厘米,每667米^{2}定植2 700株左右。选择下午带土坨定植。土壤育苗时,定植前3～5天浇水切块,土坨大小10厘米×10厘米×10厘米,切后摆放在苗床内,中午适当遮阴,防止过分萎蔫;采用容器育苗的,直接定植。定植时不得打散土坨,以免因伤根感染病害。定植后及时浇定植水,并用麦茬或麦秸覆盖畦埂,有降低地温、除草、保墒、降低田间湿度和减轻病害发生的作用。

7. 田间管理

(1)肥水管理　坐稳果前,不是特别干旱一般不浇水,也不施肥。第一穗果和第三穗果坐稳时各施1次肥,一般在下雨前施肥,每次每667米^{2}施三元复合肥15千克,穴施在两株中间,隔1株1穴;第二次施肥时换施在另两株之间,这样交替施肥,可保证养分供应均衡。施肥位置靠垄的中下部,有利于肥料溶解和根系吸

第四章 番茄四季栽培技术

收。进入雨季后要始终保持田间排水通畅,防止积水。该茬番茄追肥以复合肥为主,避免偏施氮肥或氮肥过多引起的植株生长过旺,影响自然坐果和诱发芽枯病。由于山区成土的特殊性,土壤中可能会缺乏某些元素,使番茄生长发生异常。因此,在番茄进入结果期后应每10~15天叶面喷洒1次10%多元微肥100~200倍液,确保番茄正常生长。

(2)中耕除草 夏季高温多雨,杂草滋生,既与番茄争肥水,又影响田间通风,尤其是用收割机收获的麦田,田间撒落的麦子多,雨后发芽生长很快,需要及时中耕清除。也可用10.8%精奎·矾嘧乳油1 000倍液,喷洒时喷头一定要压低,避免药液飞溅到番茄果实或叶片上引起药害。夏季中耕宜浅,主要是防止土壤板结、增强土壤透气性和清除杂草。

(3)搭架绑蔓 山区多风,定植后或植株长至20厘米高时必须进行插架绑蔓。可搭"人"字架,在距番茄根部10厘米处插竹竿,插深15厘米以上,横杆距畦面1.6米左右,以保证番茄架的稳定和内部通风。用稻草或耐老化的绳子将番茄茎蔓及时绑缚在竹竿上,松紧适当。之后,自封顶品种每1~2个花序绑缚1次,无限生长型品种每个花序下部均要绑缚1次。最好绑缚在花序下部,防止果穗坠落。

(4)整枝打杈打老叶 采用单干整枝,留5~6穗果,其上留2片真叶打顶,或8月底至9月初打顶。打顶后新发生的侧枝要及时打掉或留叶摘心,防止侧枝生长影响顶部果实的膨大。第一穗果实进入转色期后,及时打掉其下部的老叶,有利于田间通风透光,减轻病害发生和预防裂果。见光的正常叶片一定要保留,为果实遮光,防止果实发生日灼病和果面因高温影响正常转色。

(5)疏花疏果 高山上气候凉爽,昼夜温差大,番茄自然坐果率高,不需用植物生长调节剂处理保花保果。为了提高商品果率,每穗留3~4个果,生长势弱的植株或后期果穗,每果穗留果2~3

个,及时摘除果穗顶端的花和果实以及病虫果。

(6)病虫害防治

①主要病害及防治 番茄生长前期干旱,易发生病毒病。中后期雨水多湿度大,易发生晚疫病、早疫病、细菌性角斑病和绵腐病等。病毒病以防为主,可从幼苗期开始,每15天左右叶面喷洒1次20%吗胍·乙酸铜可湿性粉剂400~500倍液,连喷3~4次进行预防。其他病害下雨前或雨后及时喷药防治。注意喷药要喷匀、喷透,防治晚疫病时还要兼顾地面,并重点保护果实。

②主要虫害及防治 夏季虫害多,应加强防治。高山反季节栽培番茄主要虫害有地老虎、蚜螟、蝼蛄、斑潜蝇、实蝇、棉铃虫、蚜虫、茶黄螨和白粉虱等。为保护生态环境,应以物理防治为主,化学防治为辅。物理防治方法主要有挂黄板和蓝板、挂频振式光控杀虫灯,防治对象有潜叶蝇、瓜类实蝇、棉铃虫、地老虎、蚜螟等害虫的成虫。也可以根据当地害虫发生情况,选择合适的诱芯,用诱捕器定向诱杀。蚜虫、茶黄螨可用除虫菊、印楝素等植物源农药和阿维菌素乳油、甲维盐等定期喷洒防治。具体防治方法可参照番茄病虫害防治技术的相关内容。

③生理性病害及防治 此茬番茄生理性病害主要有日灼病、裂果和脐腐病。日灼病是由于叶片少导致果实外露,遭遇强光灼伤所致,因此在绑蔓时要将果穗朝栽培架内扭,同时要及时防治叶部病害,保护番茄架上部和外部的叶片,为果实遮阴。裂果是由于雨水多和田间湿度大造成的,因此番茄成熟期遇雨要适当早摘,或打掉贴近果实的过密叶片,加强田间通风,减少果面浸水时间,降低果面温度,减轻裂果。脐腐病主要由干旱、根系坏死和钙缺乏等引起,应加强田间水分管理,适时浇水和雨后及时排涝,结果期每5~7天叶面喷洒1次螯合钙或硝酸钙、氯化钙、多肽活性钙等钙肥(浓度按产品说明书),可预防发生脐腐病。

(7)采收 高山番茄成熟期温度较高、雨水较多,应在转色初期至硬熟期采收,有利于长距离运输和预防裂果。

8. 种植效益及风险分析 该茬番茄 8 月中下旬上市,霜降前结束。生产投资小,市场销路好,经济效益较高。存在的风险是,结果期正值高温多雨季节,病虫害是影响产量的重要因素。连续降雨和雨后乍晴,裂果多,晚疫病、早疫病发生较重,叶片焦枯,使果实暴露在强光下,易发生日灼或转色不良,从而影响产量和商品价值。生产中应注意防虫、防涝、叶面喷洒微量元素、适当早采等措施预防病果、裂果和日灼果;通过采用高垄稀植、加强田间通风等措施增强植株生长势,提高抗病性。

(五)夏秋茬保护地番茄栽培技术

1. 设施条件 采用塑料大棚避雨栽培,大棚为东西向或南北向,可选择竹木结构、水泥立杆,也可以选用钢骨架棚。竹木结构大棚跨度 15~20 米,长 50~100 米,两边高 1.2~1.5 米,中间高 2.2~2.5 米。大棚中间用砖和水泥砌成 40 厘米宽的水槽,水槽两边按 1.2 米间距预留 10 厘米圆孔,用于浇水,槽两边各设 3 排水泥立柱(含边柱)。每排水泥立柱间距 3.3 米左右,每根立柱间距 2.4 米。每排水泥立柱在距顶部 20 厘米处用竹竿横拉,以便架设铁丝,绑缚吊绳。棚顶用 2 块宽 8.5 米左右的塑料薄膜覆盖,通风口留在大棚中央,塑料薄膜上部用粗竹竿压紧。大棚两侧通风,或用防虫网覆盖防虫。

2. 品种选择 选择抗病、耐热、抗裂、耐贮运、优质丰产的无限生长型品种,如越夏红、红粉冠军、中研 988、祥瑞等。番茄黄化曲叶病毒病发生较重的地区可选用粉博瑞、金棚 8 号等抗病毒病品种。

3. 播种育苗及苗龄 6 月 10 日播种,苗龄 30 天。最好采用自育苗,也可购买信誉好的育苗公司的幼苗,防止幼苗携带烟粉虱和黄化曲叶病毒等病虫害。无论是土壤育苗还是无土穴盘育苗,均采用直播育苗,不分苗,一次成苗,幼苗5片真叶左右移栽。穴盘育苗时用72孔穴盘。

4. 茬口安排 由于保护地设施的移动性差,投资高,一般在蔬菜主产区种植该茬番茄。茬口安排主要有春黄瓜—番茄—小青菜(或生菜—油麦菜)和黄瓜—番茄—黄瓜。

5. 整地定植 该茬番茄定植期正值高温,浇水勤,有利于有机质的快速分解和病菌的繁殖和侵染。有机肥在腐熟分解的过程中会产生大量的热量,影响根系的生长或造成烧根。同时有机肥中有可能携带有害病菌,会导致幼苗发病。因此,该茬番茄基肥一般不施有机肥,只施化肥或不施肥,每667米^{2}可埋施三元复合肥30~40千克。春茬作物基肥充足时,拉秧后不需要施肥,不用重新整地,即可利用原有的畦埂,直接在相邻两株前茬作物中间开穴定植,浇定植水。株行距33厘米×60厘米,每667米^{2}定植3 300株左右。

6. 田间管理

(1)肥水管理 定植3~4天后浇缓苗水,10~15天后,每667米^{2}在两株间斜下方穴施磷酸二铵或三元复合肥30~40千克。果实进入膨大盛期后及时浇水,即见果浇水,以后保持见干见湿,浇水量以半畦为宜。当第一穗果直径2.5~3厘米,即进入膨大盛期时开始追肥,以后每穗果实进入膨大盛期时各追1次肥,每次每667米^{2}追施三元复合肥10千克、冲施肥10千克(N-P-K:12.5-4-44)。由于此期高温,该茬番茄一般第三穗果很难坐住,因此应留5穗花,结4穗果,共追肥4次。该茬番茄生长前期气温高,应及时浇水,防止高温干旱影响番茄生长发育。一般每5~7天浇1次水,每次浇水量不宜过大,浇水时间一般在早上或夜间。10月中旬,气温降低,在拉上四周棚膜前,先浇1次水,2~3天后浅中耕1次,并叶面喷洒1次80%代森锰锌可湿性粉剂或75%百菌清可湿性粉剂500~800倍液,预防盖严棚膜后,棚内高湿引发的病害。以后浇水次数减少,不再追肥。

(2)中耕培土　定植缓苗后,应及时趁墒深中耕,提高土壤透气性,同时适当封土。以后只进行浅中耕或除草、除青苔。

(3)吊蔓及整枝打杈　棚内风小,一般在定植后15~20天吊蔓。开花后及时进行整枝打杈,采用单干整枝,结5~6穗果,最后1个花序上留2片叶打顶,或9月20日前后打顶。

(4)保花保果　用坐果乐或坐果灵(防落素)保花保果。用坐果乐喷花方法:每片坐果乐对水3.5~4升,当1个花序上有2~3朵花开放时,喷花序1次。用坐果灵点花方法:每片坐果灵对水0.4~0.75升,加0.1克赤霉素和适量胶泥或颜色配成药液,当番茄花开时,用毛笔蘸坐果灵药液涂抹果柄节处,涂长0.5厘米,每朵花只点1次。第一穗花开时使用药液浓度低,每片坐果灵加水0.65~0.75升,以后逐步减少加水量,最少加水量为0.4升。

(5)疏花疏果　越夏番茄花芽分化较少,坐果后注意检查果实形状,发现畸形果及时疏除,正常果全部保留。

(6)温湿度管理　前期以通风为主,遇雨合上中间通风口,雨过后及时扒开。进入10月中下旬,气温降低,大棚周围覆盖塑料薄膜。夜间拉下边膜、合严风口;白天晴天上午9~10时棚温升至28℃时,扒开风口通风降温。注意扒风口时逐渐进行,保持棚内温度25℃左右;下午棚温降至20℃左右时合严风口保温。进入11月份,棚内夜间拉上二道幕,防止霜冻危害和低夜温影响番茄转色。

(7)控制旺长　该茬番茄生长前期正值夏季,温度高、湿度大,尤其是夜温高,植株容易徒长,而造成坐果节位高、成花数少、花芽不饱满。因此,需要及时采取措施控制旺长。

(8)采收与催熟　果实采收前期气温高,应在果实表面挂粉红色时及时采收。第一穗可能有轻微裂果,气温下降后很少有裂果。果实采收后期气温低、转色慢,可用一点红或40%乙烯利200倍液点在萼片上,在植株上催熟;如果气温更低,可将果实采下后码放在25℃左右的温室内催熟。

(9)病虫害防治　番茄生长前期气温高,茎基腐病、根结线虫病、细菌性叶斑病和叶霉病较重发生;棉铃虫、烟粉虱和潜叶蝇发生较重,还可能传播番茄黄化曲叶病毒病;后期气温低,灰霉病发生较多,应加强防治。

7. 种植效益及风险分析　该茬番茄9月下旬至11月中旬采收上市,此期正值番茄秋淡季,市场销路好,每667米^{2}产量7 500～8 000千克。采用塑料大棚覆盖避雨栽培,避免了雨水的影响,大大减轻了裂果和病害的发生。生产中应该注意的是:一是大棚的使用会导致田间温度升高,在极端温度出现时,最好通过浇水和采用遮阳网遮阴降温,坐果前采用250毫克/千克矮壮素溶液抑制生长,促进坐果。二是生长前期温度高,栽培上应预防高温导致的落花落果。三是地温高,要注意防治根结线虫病。四是适当稀植,保证田间通风。

(六)秋露地番茄栽培技术

1. 品种选择　该茬番茄生育期短,留果穗数少,宜选择早熟、耐热、耐贮运的优质丰产品种,如金粉早冠、郑番06-10、粉达、东农712等。7～9月份是烟粉虱危害严重的季节,最好选择抗番茄黄化曲叶病毒的品种,如粉亚迪、欧官、迪芬尼、金棚11号、浙粉702、卡斯特、齐达利、迪抗等,但这些品种的种子价格较高。

2. 播种育苗　7月上旬播种,苗龄25天,小苗定植。这是因为小苗根系小,伤根少,感染病毒病等病害的机会少。苗床一定要用50目防虫网覆盖隔离,预防烟粉虱危害和传毒,同时注意防雨和其他病虫害。采用直播育苗,不分苗,一次成苗。小苗4～5片真叶移栽。苗期遇高温、强光应适当遮阴。幼苗2～4片真叶时用250毫克/千克矮壮素溶液叶面喷雾、浇根或蘸根,以抑制番茄细胞伸长,防止秧苗徒长,使植株节间缩短、茎秆变粗、叶色变深、植株矮壮,同时使叶片缩短、增宽、加厚,增强光合作用,有利于花芽分化和养分积累,从而达到防徒长、防空洞果和增产的效果。

3. 整地施肥 选择肥沃的或上茬已施足基肥的菜田或其他农田。7月底气温高、雨水多,应进行起垄栽培,以利排水,避免雨季导致的涝灾。起半圆埂,埂宽50厘米,每667米²埂施三元复合肥30千克,不施有机肥。

4. 定植 7月底至8月初定植,定植宜浅不宜深,定植在畦埂两边偏下,有利于保墒。密度要适宜,保证行间通风,株行距30～35厘米×60厘米,每667米²定植3500株左右。定植应在上午10时以前和下午4时以后进行,以避免中午高温定植引起幼苗灼伤。随栽随浇定植水,注意浇水不能漫过畦埂。

5. 田间管理

(1)肥水管理 该茬番茄生长前期气温偏高,对番茄的生长很不利,当地温高达33℃时,番茄的根系即停止生长。但这阶段的地温往往在33℃以上,有利于病毒病的发生和危害(35℃～45℃有利于病毒病的发展)。因此,前期浇水宜"小水勤浇或浇过堂水,随灌随排",湿润土壤,可有效降低地温和田间气温。浇水应避开中午高温,宜在早晚天气凉爽时进行。缓苗后天气逐渐转凉,昼夜温差加大,应加强肥水管理,促进番茄生长,可每667米²追施三元复合肥10～15千克,并喷洒叶面肥增强抗病能力。第一穗果实坐稳后,每667米²追施三元复合肥15千克或番茄专用肥20千克,同时喷施腐殖酸叶面肥,均衡供应植株养分。

(2)整枝打杈 及时搭架绑蔓,架材1.2～1.5米高即可。采用单干整枝,结2～3穗果打顶,或9月上旬打顶,每穗留果3个。

(3)保花保果 该茬番茄坐果期温度适宜,一般自然坐果率高,但为了加快坐果和促进早熟,最好用植物生长调节剂处理进行保花保果。上午露水干后开始点花,避开中午高温,下午4时以后点花,点过的花做标记,避免重复引起果实畸形。

(4)采收与催熟　该茬番茄10月上中旬开始成熟,应及时采摘上市。随着气温降低,果实转色变慢,需要及时催熟。霜降节前将所有果实全部采下,摆放在室内保温催熟,分批上市。有些地区有炒食青果(青熟期果实)的习惯,可以采收青果上市。番茄催熟方法:一是室内保温自然后熟。下午趁温度高、果面没有露水时,把青熟果实采下,摆放在朝阳、通风的室内,夜间用棉被等覆盖保温,最低温度不低于13℃。定期翻堆,挑拣红熟果实上市。二是大棚、拱棚或阳畦等保护地保温催熟。在保护地内挖宽1米、深15厘米的沟,下面铺上塑料薄膜,塑料薄膜上铺一层草苫吸潮。将已经长成商品果大小的番茄采下后(果面不能带水滴),在草苫上摆放3～4层,上部用塑料薄膜覆盖保湿,中午揭开塑料薄膜通风散湿,防止结露引起裂果和发生病害,夜间用棉被或草苫覆盖保温,隔日察看倒翻,拣出红熟果实上市。三是电热线加温催熟。在催熟番茄用的贮藏沟内铺设电热线,催熟温度控制在25℃左右,加快番茄转色。四是乙烯利催熟。用40%乙烯利100～200倍液擦果或浸果。可用小毛巾、海绵或线手套等蘸100倍乙烯利溶液(挤去多余的溶液,避免水分下滴),在番茄果实顶部擦一下即可。或用200倍乙烯利溶液浸果或喷果,喷布要均匀,不能留水滴。如果采摘时露水大,还需要在乙烯利溶液中加入25%甲霜灵可湿性粉剂500倍液,防止催熟期病害的发生。以上催熟方法可以结合使用,根据市场行情,控制催熟时期,可获得预期收益。

(5)病虫害防治　该茬番茄的病虫害主要有茎基腐病、根腐病、番茄黄化曲叶病毒病、根结线虫病和棉铃虫、烟粉虱等。定植时和生长期应进行土壤处理,防止病害发生和蔓延。同时,结合除草进行松土,促进根系生长发育。防病与叶面施肥相结合,使植株生长健壮,增强抗逆性。

6. 种植风险及效益分析　该茬番茄10月上旬上市,正值秋番茄市场淡季,市场销路好。一般每667米²产量4 500千克左右。该茬番茄生育期短,结果期气候适宜,管理省工,生产投资小。生产上应注意:一是苗期防病毒病、烟粉虱等危害和暴雨危害。二是生长后期气温逐渐降低,大部分番茄需要采下后熟,对催熟管理要求较高。三是由于该茬口生育期短,产量低,生产上应根据生产条件和技术水平酌情选用。

(七)秋延后保护地番茄栽培技术

1. 设施条件 简易日光温室和塑料大棚均可。茬口安排为春黄瓜—秋番茄—冬芹菜。

2. 品种选择 由于该茬番茄育苗期和生长前期温度高、烟粉虱等害虫较多,易感染病毒病等病害;后期棚内湿度大、温度低。所以多选用早熟、耐高温、抗番茄黄化曲叶病毒病、叶霉病、耐低温弱光、抗裂、耐贮运的优质丰产品种,如浙粉702、粉亚迪、欧官、金棚10号、金棚11号、金棚8号、粉博瑞等。

3. 播种育苗 7月18~20日播种,苗龄25~30天,小苗定植。育苗期高温多雨,应注意遮阴降温和病虫害防治。多采用基质育苗,不论是撒播还是点播、穴播,一次成苗,不需要分苗。这样做的目的:一是预防苗期感染根结线虫病。二是气温高,幼苗生长快,不需要分苗。三是防止幼苗断根后感染病害。

4. 整地施肥 前茬作物收获后,及时旋耕,整平土地,结合整地每667米²埂施三元复合肥或磷酸二铵30千克,一般埂宽50厘米。

5. 定植 8月中下旬小苗定植。选择早上或下午气温下降和光照减弱时定植。定植宜浅不宜深,以埋住土坨为宜。定植前盖上棚顶薄膜,严防雨水入棚。定植株行距为35厘米×60厘米,每667米²定植3 000株左右。

6. 田间管理

(1)浅中耕除草 中耕除草主要在生长前期进行,这是因为:

一是幼苗小,遮不严地面,在强光照下,土表温度高,水分蒸发快,易干旱,浅中耕有利于保墒。二是气温高,浇水次数多,杂草发生快,应及时除草。同时,地表易发生青苔,也应该及时浅划锄,碰破地皮,防止青苔发生影响土壤透气性。三是浅中耕还具有保墒、压盐、防土壤板结等作用。由于温度高蒸发快,土壤板结时,土壤深处的盐分随水移动到地表,水分蒸发后形成盐析,地表盐分浓度高常导致茎基部腐烂。四是防灼伤。由于夏季光照强、温度高,干燥的土块午间温度可达 40℃ 以上,接触茎秆时容易造成茎秆灼伤或高温伤害,因此不适宜培土。待植株充分生长、叶片能遮盖地面时,可以适当培土。种植在埂两边,可防水淹。

(2)肥水管理 生长前期温度高,幼苗小,遮不严地面,在强光照条件下,土表温度高,水分蒸发快,小苗不耐旱,宜小水勤浇,预防干旱。同时,小水浇灌,能够减轻养分流失。第一花序坐稳果后追肥,以后每花序坐稳果后追肥 1 次,每次每 667 米^2 随水追施三元复合肥 15~20 千克,共追肥 3~4 次。前期浇水,浇早浇晚;后期温度低,一般晴天上午浇水,水量不宜大。

(3)温度管理 生长前期,以遮阴降温为主。将大棚四周裙膜撩起,最好换用防虫网隔离防虫,高温强光天气中午前后遮阴,避免 35℃ 以上高温出现。霜降节前 15 天围上裙膜,扒开风口,昼夜通风。当夜间外界气温低于 10℃ 时,夜间合上风口;上午棚温升至 28℃ 以上时通风排湿。白天温度保持在 22℃~28℃、夜间 13℃~17℃。外界气温降至 8℃ 以下时,棚内拉二道幕;降至 5℃ 以下时,拉秧。

(4)植株整理 采用单干整枝,吊蔓,结 4 穗果打顶或 9 月 20 日左右打顶,接茬种植越冬芹菜时,可留 3 穗果打顶。当第四穗果实生长到白熟期,可将叶片全部摘除,有利通风防病,在植株上贮藏,注意保温,待价格好时催熟出售。

(5)保花保果和苗期控制旺长 由于保护地内湿度大、开花前期温度高等不利于坐果的环境因素较多,为了确保坐果和加快果实膨大、提早成熟,需要使用植物生长调节剂处理保花保果。苗期温度高,成花节位高,如果发生旺长,第一花序花芽分化不良,直接影响成熟期和产量,因此需要采用植物生长调节剂处理控制旺长。

(6)采收和催熟 该茬番茄果实11月上旬开始成熟,一般在硬熟期开始采收,商品外观好,此时气温较低,番茄后熟较慢,自然条件下可存放4~7天。11月中下旬以后,气温较低,霜降频繁,为便于管理和安排接茬蔬菜,一般将青果采下,摆放在温室或阳畦等温暖处自然红熟或用乙烯利涂抹催熟。接茬种植越冬芹菜时,可于11月中旬将青果全部采下,拉秧,整地定植芹菜苗。

(7)病虫害防治 此茬番茄苗期主要有病毒病、立枯病、根结线虫病和烟粉虱、菜青虫等病虫害,应及时防治。可采用营养钵或穴盘基质进行遮阴、防雨育苗,预防根结线虫病和土传病害。苗期适当控制浇水,并用植物生长抑制剂控制徒长。每7~10天叶面喷洒1次8%宁南霉素水剂300~500倍液,或20%吗胍·乙酸铜可湿性粉剂2 000~3 000倍液预防病毒病;喷洒氨基寡糖素、甲壳素等增强幼苗抗逆性,减轻发病。生长前期喷洒百菌清、硫酸链霉素等防治早疫病、灰叶斑病和细菌性病害等。

7. **种植风险及效益分析** 该茬番茄11月上中旬采收上市,12月上中旬结束,市场销路好。每株结4穗果,每667米^{2}产量6 000千克左右。由于该茬口生育期较短,可接茬种植其他耐寒蔬菜,棚室利用率高,效益好。坐果期气温适宜,对栽培管理技术要求不高,种植风险小。缺点是产量偏低。生产上应该注意的是,苗期遮阴降温、杜绝施未经充分腐熟的有机肥;前期管理重点是防治烟粉虱和预防番茄黄化曲叶病毒病,后期管理重点是增温保温。

(八)秋冬茬番茄栽培技术

1. **设施条件** 具有保温覆盖条件的普通日光温室。

2. 品种选择 秋冬栽培番茄,前期烟粉虱较多,易传染病毒病;后期棚内湿度大、温度低。所以,多选用早熟、抗病毒病(尤其是抗番茄黄化曲叶病毒病)、叶霉病和耐低温弱光的品种,如浙粉702、粉亚迪、欧官、金棚8号、金棚11号、粉博瑞等。

3. 播种期育苗 8月10~15日播种,多采用营养钵或穴盘育苗,一次成苗,不分苗,小苗定植。为防止根结线虫危害幼苗,多采用无土育苗。覆盖塑料薄膜遮阴、防雨,苗龄30天左右,5~6片叶定植。苗期应适当控制浇水,防止徒长。

4. 整地施肥 前茬作物收获后及时旋耕。起垄栽培时,每667米^2 垄施腐熟干燥有机肥1 000千克、三元复合肥或磷酸二铵30千克。平畦或沟栽时,每667米^{2}撒施腐熟干燥有机肥3 000千克、三元复合肥或磷酸二铵30千克,耕翻25厘米深,耙平,按窄行50厘米打线或开沟定植,以后培土呈"马鞍畦"。

5. 定植前准备及定植 整地定植前必须清除温室内所有杂草,盖上棚膜,严防雨水入棚。喷洒一遍吡虫啉,净棚定植。通风口及门口用防虫网覆盖,防止烟粉虱进入危害并传毒。9月中旬定植,株行距为35厘米×60厘米,每667米^2 定植3 000株左右。定植位置在畦垄的中下部,既方便浇水,土壤又不易板结。定植深度以埋严土坨为宜,如果采用穴盘育苗,幼苗徒长或较大时,应适当深栽,防止浇水后倒苗。定植时每667米^2 穴施50%多菌灵可湿性粉剂1千克,并浇施3%阿维菌素乳油1千克,预防根腐病和根结线虫病。

6. 田间管理

(1)中耕培土 缓苗后,气温逐渐转凉,应及时中耕培土成畦。吊蔓前在窄行覆盖地膜,11月中下旬在宽行覆盖地膜,增温保墒。

(2)温湿度管理 定植后昼夜通风,遇强光高温天气,用遮阳网覆盖遮阴。当夜温降至8℃~10℃时,下午延迟关闭通风口;当夜温降至8℃以下时,夜间加盖草苫。晴天白天温度控制在

22℃~28℃，超过28℃开始通风，夜间温度保持在13℃~17℃。阴天也要注意通风排湿。

(3)肥水管理　开花结果前不旱不浇，需浇水时一次浇水量不宜太大。坐果后，如果田间干旱，即使果实大小还达不到膨果盛期，也要注意浇水，但浇水量不宜太大。当果实直径3厘米左右、进入膨大期后随水追肥，这样可以避免结果期因干旱缺水而引起脐腐病。以后每穗果实坐稳后追1次肥，每次每667米^{2}追高氮、高钾复合肥20千克或番茄专用冲施肥20千克。要经常留意天气预报，选择晴天上午浇水。浇水的标准是中午叶片手感发软或新生嫩叶叶色深绿时浇水。进入12月份，夜温低，棚内湿度大时易结露，可只在窄行膜下浇灌，或宽行浇灌后用地膜覆盖，减少水分蒸发，预防病害发生。

(4)植株调整　采用单干整枝，及时吊蔓缠头，留4~5穗果打顶。当第一穗果实生长到白熟期，可将其下部的叶片全部摘除，有利通风防病。当最后一穗果实进入绿熟期后，将其叶片全部摘除，注意保温，果实挂在植株上贮藏，等待价格好时催熟出售。春节前拉秧。

(5)保花保果　用30~40毫克/千克坐果灵(每片坐果灵有效成分为0.1克，对水2.5~3升)喷花或蘸花。涂花柄时，由于药液用量少，浓度可提高至100~150毫克/千克。

(6)采收与催熟　12月上中旬开始成熟上市。此期外界气温低，番茄转色慢，主要采收硬熟期的果实。12月底，进入寒冷的冬季之前，将所有的果实采下催熟，陆续挑拣红熟果实上市。催熟方法同前。

(7)病虫害防治　苗期和前期主要病害有番茄黄化曲叶病毒病，中后期有灰霉病、晚疫病等。虫害有烟粉虱、潜叶蝇等，应加强防治。

7. 种植风险及效益分析　该茬番茄可延迟到春节前后上市，

避开了育苗期的高温和翌年1月份的低温,对栽培管理技术要求不高,种植风险小。后期果实采下集中后熟供春节期间市场。易管理,效益高,生产投资较小,市场销路好。一般每667米^{2}产量8 000千克左右。生产中应该注意的是:该茬番茄育苗初期温度高,晴好天气中午前后需要遮阴降温。生长前期管理重点是防治烟粉虱,预防番茄黄化曲叶病毒病,生长后期需要增温保温。

(九)越冬一大茬番茄栽培技术

1. 设施条件 越冬一大茬番茄栽培以冬暖型日光温室为保护设施。

2. 品种选择 越冬一大茬番茄栽培应根据冬春季节日光温室光照弱、时间短、温度低的特点,选用耐低温、耐弱光,最好能够抗番茄黄化曲叶病毒病的品种,如金棚8号、粉博瑞、欧官、佳人、烟番9号、东农712等。

3. 培育壮苗

(1)播种期 越冬一大茬番茄播种期为7月中下旬至9月上旬,苗龄30~40天。

(2)苗床准备 在日光温室育苗,温光条件比较适宜不需用温床,在温室地面做育苗畦或用穴盘育苗均可。苗床畦宽1米,东西延长,长度根据播种量而定,畦埂踩实后高于畦面10厘米,畦内耙平踩实,铺营养土3厘米厚。营养土由50%~60%优质农家肥、40%~50%未种过茄科作物的疏松土过筛后混匀。用50%多菌灵可湿性粉剂与65%代森锌可湿性粉剂按1:1或福美双可湿性粉剂按1:1混合后,每平方米苗床用8克混合药与15千克营养土拌匀,2/3药土播种前垫底,1/3药土播种覆盖。穴盘基质配方为草炭土:蛭石:珍珠岩=3:1:1,装盘压实备用。

(3)种子消毒和催芽 为了防止种子带病菌,可用40%甲醛100倍液浸泡种子30分钟,取出甩干明水后用湿毛巾包裹起来闷

30 分钟,再用清水洗净药液,放入 52℃ 温水中迅速搅拌浸泡 20 分钟,然后用清水浸泡 5~6 小时。捞出沥干后在 25℃ 条件下催芽,每天冲洗 1~2 次,并始终保持湿润,使出芽迅速、整齐。

(4)苗期管理　出苗前白天温度控制在 25℃~28℃、夜间 12℃~18℃,促使出苗整齐。出苗后为防徒长,白天温度降至 22℃~25℃、夜间 10℃~12℃,在降低气温的同时保持较高的地温有利于根系生长。待第一片真叶展开后,白天气温提高至 25℃~28℃、夜间 15℃~18℃,土壤相对含水量保持 80% 左右。育苗期间要注意通风,防止徒长,促使子叶和真叶肥大,有利于生成花激素,为花芽分化打好基础。幼苗 2 叶 1 心时进行分苗,可将苗移栽到 8~10 厘米的营养钵中。分苗后白天温度控制在 25℃~28℃、夜间 15℃~20℃,在高温高湿条件下,促进缓苗。缓苗后白天温度降至 23℃~25℃、夜间 15℃ 左右,促进花芽分化。为了提高光照强度,可在苗床北侧张挂反光幕,促进光合作用。

4. 整地施肥

(1)基肥准备　该茬番茄的生长期可延迟至翌年 6 月份,其生长期长、产量高,因此需肥量大。按番茄的需肥规律,每 667 米^2 产量 7 500 千克左右,需纯氮(N)24 千克、磷(P_2O_5)21 千克、钾(K_2O)48 千克。基肥需施圈肥 5 000 千克、鸡粪 2 000 千克、磷酸二铵 30 千克、硫酸钾 50 千克。圈肥和鸡粪要提前发酵腐熟。

(2)整地做畦　定植前 10 天进行整地和扣薄膜,将圈肥均匀撒施后深翻 20~25 厘米,耙细整平后做畦。按 1.4 米 1 畦,做成底宽 30 厘米的 2 条小高垄,垄间为 20 厘米的小沟。也可按 1.3 米 1 畦,做底宽 70 厘米、上宽 60 厘米、高 12 厘米的高畦,每畦栽 2 行。

5. 适时定植　8 月下旬至 9 月下旬定植,株距 35~40 厘米,每 667 米^2 保苗 2 400~2 900 株。定植应在下午进行,定植后覆地膜。

6. 田间管理

(1) 光照调节　日光温室越冬一大茬番茄,定植后大部分时间处在弱光照条件下,一直持续到3月份,即使是晴天,温室后部2米左右处光照强度也不可能满足番茄正常生长发育的需要。因此,增加光照强度是该茬番茄增产的重要措施,主要措施:一是选择透光率高的聚氯乙烯无滴膜,并注意擦去薄膜上的灰尘,保持较高的透光率。二是中柱部位或后墙张挂反光幕。三是在保证温度的前提下,及时揭、适时盖草苫或棉被,争取早见光、多见光。深冬季节更要严格按照温度指标揭盖见光,阴天或雨雪天气,只要拉起草苫或棉被棚温不降或略降,就应将草苫或棉被拉起,争取多见散射光。

(2) 温度调节　越冬一大茬番茄生长期,外界气温由高逐渐降低又逐渐升高,因此在温度管理上应前期降温,中期保温,后期再降温。具体温度要求是定植后尽量保持适宜温度以利缓苗,白天温度不超过30℃、夜间保持15℃～18℃,通风时只宜在屋脊处开小口。缓苗后白天温度保持20℃～25℃、夜间15℃左右,适时通风。深秋季节外界温度不太低,应早揭晚盖草苫或棉被。冬季结果期夜间气温不能低于12℃,地温保持18℃～20℃、不得低于13℃。进入春季以后,白天温度控制在30℃以下,前半夜保持15℃～18℃、后半夜12℃～15℃。

(3) 植株调整　越冬一大茬番茄栽培可采用单干整枝,只留主干,所有侧枝全部摘除,每株留6～8穗果,在其上部留2片叶摘心。从这2片叶的叶腋发出侧枝,选择其中1个较壮的侧枝代替主干继续生长,留3～4穗果后摘心。每株一共留9～12穗果,每穗留4～5个果,其余全部疏掉。

在冬暖大棚栽培番茄最适于用尼龙绳进行吊蔓,吊蔓时掌握番茄顶梢要由南向北逐渐升高,使其整齐一致,减少遮阴。强株弯曲缠吊,弱株直立缠吊,达到抑强扶弱的作用。随着植株生长,要

第四章 番茄四季栽培技术

及时将老叶、病(枯)叶摘掉,集中于棚区以外挖坑深埋。摘叶后的空茎蔓离地面30厘米以上时要进行落蔓,方法是将缠吊茎蔓的吊绳松开,把空蔓落于地面。空蔓要有次序地落于同一方向、逐渐绕于栽培垄两侧。开始茎细落蔓时间隔时间应短,绕小圈;后期茎粗间隔时间应稍长,绕大圈。有叶茎蔓距垄面保持15厘米左右,每株功能叶保持20片以上,株高保持在1.2米(棚南)至1.5米(棚北)。叶片分布应均匀,始终处于立体采光最佳位置和叶面积指数3~4的最佳状态。

(4)浇水和追肥 最好采用膜下滴灌或暗沟浇水,并进行冲施肥。在第一穗果坐住、果实核桃大小时,结合浇水进行追肥之后,每穗果实膨大期均进行追肥和浇水,每次每667米^{2}施三元复合肥10~15千克。进入深冬应控制浇水,但为保证植株生长和果实发育,需水时应选连续晴天进行浇水,浇水后要及时通风,降低棚内湿度。

(5)防止落花落果 越冬—大茬番茄在第一、第二花序开花期易遭遇阴雨和灾害性天气,而且温度低、光照不足,影响授粉受精,易导致落花。因此,应用30~40毫克/千克番茄灵溶液处理花,为避免重复喷花而产生畸形果,喷花时应在药液中加红颜色。

(6)适时采收 采收期要根据市场、路程和运输条件来决定,绿熟期果实已充分膨大,果色由绿变白,种子发育基本完成,经过一段后熟果实即可着色。如需要长途运输,可在此时采收,运输期间不容易破损,但后熟果品质较差。转色期果实从顶部逐渐着色,达到1/4左右时采收,采后1~2天可全部着色,销往较近地区可在此期采收,果实品质较好。硬熟期果实已呈现特有色泽、风味,营养价值最高,适于作为水果生食,但不耐贮藏运输,只能就地销售,或包装后近途运输。完熟期果肉已变软,含糖量最高,只宜做果酱。番茄果实着色与温度有关,该茬番茄由于前期温度低、光照弱,生产中在绿熟期和转色期可用0.1%~0.2%乙烯利溶液,浸泡青果或涂抹果。

(7)病虫害防治　越冬一大茬番茄栽培持续时间长,温度、光照、湿度等环境因素变化大,病虫害多,而且防治比较困难,生产中要根据不同时期的环境条件有针对性地进行病虫害防治。越冬一大茬番茄栽培前期因高温多雨易发生黄化曲叶病毒病、烟草花叶病毒病以及复合侵染的条斑病毒病。中后期随着外界气温降低,为防寒保温需逐渐减少通风量,因而棚内空气湿度加大,易导致叶霉病、早疫病、晚疫病等真菌性病害的发生。

①病毒病　病毒病现今还没有有效的治疗药物,防治该病主要是选用抗病品种,加强栽培管理,预防和减轻病害发生。例如,在没有病毒病的植株上选果留种,播前用1%高锰酸钾溶液浸种消毒30分钟,或用40%甲醛300倍液浸种2小时;实行轮作,尽可能不用前作为烟草、黄瓜、马铃薯的旧地上种番茄;从苗期起,每隔7~10天喷洒1次70%吡虫啉水分散粒剂3 000~4 000倍液杀灭蚜虫;在定植、整枝、摘侧芽、缚蔓、打顶及采收时,有病的植株要留到最后操作,严防接触传染;田间如果只有少数植株发病,应及早拔除。

②晚疫病　注意田园清洁,病株及病果应集中深埋或烧毁,拔除病株后在其周围撒石灰,防止病菌扩散;采用高畦深沟种植,合理密植,整枝搭架,注意通风透光,改善栽培条件;药剂防治,发病前7~10天用50%代森锌可湿性粉剂500~600倍液,或1:1:200倍波尔多液喷施1次。发病期每隔5~7天用50%烯酰吗啉可湿性粉剂1 000倍液或+25%吡唑醚菌酯悬浮剂1 500~2 000倍液喷1次,连喷2~3次。喷药时叶片的正面和背面都要喷到,植株下部叶片应加强喷药。

③早疫病　又称为"轮纹病",此病以危害叶片为主,茎和果实受害较轻。从苗期开始每隔7~10天喷药1次,带药定植。药剂可用70%代森锰锌可湿性粉剂500倍液,或75%百菌清可湿性粉

第四章 番茄四季栽培技术

剂600倍液,或50%多菌灵可湿性粉剂500倍液,或1:1:200倍波尔多液喷雾。还可进行熏烟防治,方法是每667米^{2}用45%百菌清烟剂250克,由里向外逐次点燃烟剂,密闭大棚或温室,熏烟2~3小时。

④叶霉病　加强田间管理,栽培前期注意提高棚室温度,后期加强通风降低湿度,减少发病。发病初用70%代森锰锌可湿性粉剂1000倍液,或60%多菌灵盐酸盐可湿性粉剂600倍液,或50%硫磺·多菌灵悬浮剂700倍液,或40%百菌清可湿性粉剂500倍液喷施防治。

⑤灰霉病　发病初期及时打去老叶,以利株间通风,及时摘除病叶,烧毁或深埋,以减少病原菌。适当控制浇水,严防灌大水,加强通风管理,降低田间湿度。药剂防治可用6.5%乙霉威粉剂喷粉,每667米^{2}每次用药1千克,7天1次,连喷3~4次。也可用百菌清烟剂熏棚,每667米^{2}用药150克,分放5~6处,傍晚点燃,7天1次,连熏3~4次。还可用65%甲霜灵可湿性粉剂800~1500倍液,或50%乙烯菌核利可湿性粉剂1000倍液,或2%武夷菌素水剂100倍液喷雾,5~7天1次,连喷2~3次。

7. 种植风险及效益分析　该茬番茄对品种、设施保温条件、栽培管理技术要求较高。11月上旬至12月上旬开始采收,直至翌年6月份拔秧。上市期正赶上元旦、春节和3~4月份番茄市场淡季,对解决北方地区冬春季新鲜番茄供应有着重要作用,高产高效,一般每667米^{2}温室效益可达3万元以上。但由于该茬番茄结果期正处在全年温度最低、光照条件最差的深冬季节,因此首要任务是防寒保温,同时还必须有相应的栽培管理技术,才能获得成功。生产中应该注意:一是由于该茬番茄生长期长,一定要提前处理土壤,以防土传病害、连作障碍的发生。二是定植前各通风口要拉上防虫网,防止烟粉虱等危害并传播番茄黄化曲叶病毒。三是加强棚室保温,克服冬季低温障碍。

(十)冬春茬番茄栽培技术

1. 设施条件 具有保温条件的普通日光温室。

2. 品种选择 选择成熟早,成熟期集中,前期产量高,丰产性能好,品质优良,商品性符合市场要求,耐低温、弱光,抗病性强的优良品种,如粉达、金棚1号、东农712、红粉冠军等。

3. 播种及苗龄 该茬番茄11月下旬至12月上旬在加温温室或电热温床播种育苗,苗龄55～60天。自育苗时一定要具有加温条件,预防冬季连续低温阴雨对幼苗花芽分化的影响。也可从专业育苗基地购买优质无病虫苗。该茬番茄适宜育大苗,现大花蕾或将要开花的幼苗,定植后很快开花结果。生产中采用营养土或基质育苗时可用30～50孔穴盘或10厘米直径营养钵,土壤育苗时苗间距应在10厘米左右。该茬番茄定植时外界温度低,苗床温度又高于温室,因此定植前7～10天应对秧苗进行低温锻炼,以适应冬春季温室内的低温和温差大的环境。草苫应早揭晚盖,白天床温应控制在15℃～20℃,夜间10℃～12℃,到定植前3～5天后半夜床温可降至5℃～8℃。苗床温度管理,应根据光照条件来调节,弱光时,床温不能太高,防止秧苗呼吸消耗养分;晴天光照充足时,可适当提高床温,促进光合作用,增加光合产物。但无论光照强弱,均要保持一定的昼夜温差,尤其后半夜温度低,利于养分积累,培育壮苗。土壤育苗时,定植前5天要浇水切块囤苗;营养钵或穴盘育苗时,定植前7～10天控制浇水。定植前1天叶面喷施"送嫁肥"和农药,以加快幼苗生长和预防病害发生。可叶面喷施0.1%～0.2%磷酸二氢钾溶液,农药可选用40%百菌清可湿性粉剂500倍液,或70%代森锰锌可湿性粉剂800倍液,或64%噁霜·锰锌可湿性粉剂800倍液喷洒。

4. 整地施肥 整地前1周左右视土壤墒情酌情浇水,保证底墒。结合整地每667米²撒施腐熟鸡粪5米³或猪粪10米³、过磷

第四章 番茄四季栽培技术

酸钙50千克,深翻30厘米,耙细整平,起埂栽培。起埂时再埂施三元复合肥30千克。畦宽1.3米左右,做成底宽60厘米、高15厘米的半圆畦,用80厘米宽地膜覆盖,提高地温和保墒。提前1周清除棚内所有杂草等绿色植物,合严棚膜,早盖、晚揭草苫,提高棚内温度。

5. 定植 2月上中旬,外界气温逐渐上升,当连续5天观察棚内的温度均不低于8℃、天气预报近期内没有大的降温时选晴天定植。每畦两边各栽1行,破膜定植,位置在畦埂中下部,窄行距50厘米,定植深度以埋严土坨为宜,用土封严定植孔。栽后浇定植水,定植水一定要浇到定植穴内,浇水不足影响缓苗。有条件的地区可以使用滴灌,每株1个滴口,有利于保证地温和加快缓苗。定植行距65厘米,株距30厘米,每667米^{2}定植3 400株左右。

6. 田间管理

(1)中耕培土 定植缓苗后及时深中耕培土,压严定植孔,进行蹲苗,促进坐果。以后每次浇水后都要进行中耕,以疏松土壤和降低棚内湿度。进入结果盛期(第三穗果坐稳后)不再进行中耕,需要定期进行除草和除青苔。采用中小棚栽培的管理重点是中耕松土,增温保墒,降低湿度,促使苗粗苗壮。

(2)温度管理 番茄生长前期,管理重点应是防寒保温,加速缓苗。一般定植后3~4天,不进行通风,使棚温白天保持在30℃左右、夜间15℃~17℃,地温18℃~20℃。晴天中午棚内气温过高时,可短时间放回头苫遮阴,下午再揭开,不要采取大通风的办法,防止秧苗失水萎蔫。缓苗以后开始通风降温,并随外界气温回升,逐渐加大通风量,延长通风时间,一般低温期(3月上旬以前)白天棚温控制在28℃,下午棚温降至20℃时合风口,合上风口后棚内会有短时间升温,当温度再降至20℃时盖草苫。随着外界温度的升高,棚温白天保持22℃~25℃、夜间12℃~15℃,空气相对湿度控制在60%~70%。通风口由小到大,通风时间由短变长,前期通风不通底风,应从温室上部通风;后期在利用顶部通风棚温仍降不下来时,可从底部通风。到了中后期,外界气温不断升高,棚温常达到35℃以上,这时管理的重点是加强通风,降低棚温。若棚内温度过高,湿度过大,会导致番茄生长发生生理性障碍,还会引发各种病害。尤其浇水后,必须通风排湿,降低棚内空气湿度。

(3)光照管理 生长前期外界温度低,应加强光照,提高温度。缓苗期以保温为主,可以晚揭早盖草苫。缓苗后,在温度适宜的条件下,尽量延长光照。连阴天过后的晴天,中午要注意适当放花苫遮阴,防止植株过度失水引发脐腐病。进入3月下旬,可以撤掉草苫。

(4)肥水管理 番茄耐旱,需水量较小,每次浇水量不要太大,禁止浇"没顶"水。选择晴天上午浇水、连阴天过后放晴时浇水。番茄第一穗果坐稳前,以营养生长为主,浇足定植水和缓苗水后,一般不再浇水追肥。在第一穗果蛋黄大小时,应及时浇"催果"水,追"膨果"肥,每667米^{2}追施尿素15~20千克,浇水量不宜过大。第二穗果膨大时,每667米^{2}追施尿素12~15千克、硫酸钾15千克,因需水量增加,每隔7天左右浇1水,但追肥灌水要均匀,否则,易出现空洞果或脐腐病。以后每穗果实坐稳后都要浇水追肥,每次每667米^{2}追施尿素12~15千克、硫酸钾15千克。在盛果期,还可叶面喷施0.2%~0.3%磷酸二氢钾溶液,或0.2%~0.3%尿素溶液,防止早衰。进入盛果期植株负荷加大,病害较易发生,应结合根外追肥,喷施50%多菌灵可湿性粉剂500倍液2次。

该茬番茄生长前期温度低,定植后坐果快,适合通过滴灌实现肥水一体化。其优点是,能够随时定量补充番茄所需水分和肥料,避免一次浇水量大而引起湿度过大和植株徒长;防止大水漫灌造成地温降低,提早成熟;防止土壤板结和因过度蹲苗引起第一花序脐腐病的发生。同时,进入早春气温升高,但地温还偏低,加上有些年份春季光照强度差和叶片遮阴,地温上升缓慢,番茄根系活动能力弱,吸收肥水的能力差,植株生长势偏弱。弱光条件下进行大水漫灌,这种不良影响会加剧,而且低温和高湿最终会导致灰霉病的发生和蔓延,严重影响番茄产量。

(5)整枝吊蔓 采用单干整枝吊蔓栽培,留5穗果其上留2片叶打顶。第一次打杈在第一花序开花期或侧枝长至约10厘米时打掉,以后见杈就打,有利于促进根系发育。整枝打杈宜选择晴天进行,打杈后每667米^{2}用15%腐霉·百菌清烟剂250克熏蒸1夜,或叶面喷施腐霉利、嘧霉胺、啶菌噁唑溶液防治灰霉病。第一穗果实进入绿熟期后及时打底叶,以改善田间通风和植株下部光照条件,防止病害发生,减少养分消耗,促进果实成熟。打杈过晚,留下的伤口大易感染灰霉病。吊蔓时,吊绳系得过紧造成缢痕,是灰霉病发生的重要部位,因此系绳时松紧要适宜。

(6)保花保果和疏花疏果 该茬番茄坐果期温度低,需要进行保花保果。开花期进行人工振荡(振动植株或花序)或每667米^{2}释放1箱(100只)熊蜂辅助授粉。也可用25~30毫克/千克番茄灵溶液喷花或蘸花,应注意严格掌握浓度,未开的花不喷、不蘸,不能把药物喷洒在植株上;否则会造成药害,使枝叶扭曲皱缩。药液中加入0.1%腐霉利溶液可预防灰霉病发生。点花可每天或隔天1次,点正在盛开的花朵;蘸花和喷花每3~4天进行1次,喷洒已开和花瓣开放30°角的花朵。

一般年份,春季温光条件适宜,花芽分化量大,尤其第一穗花多,如果任其坐果,可达8~9个或更多,但果实小,单果重仅为100克左右,达不到商品果的要求。同时,由于坐果多,容易坠秧,影响第三、第四化序坐果和总产量。因此,坐果后,果实直径达到1~2厘米时,先疏除畸形果,选留2~3个生长正常、果形圆整的果实,其余未开放的花、果全部疏除。植株生长势弱的第一花序留

1~2个果,第二花序留3个果,以后每花序留3~4个果。

(7)采收和催熟 该茬番茄越早熟效益越好,但由于始熟期温度低,番茄后熟慢,需要采收硬熟期果实上市。以后随着温度的升高,可采收半熟期至硬熟期的果实上市。为了提高产量,一般在第五穗果长成前不用乙烯利催熟,第五穗果实进入绿熟期时,可用0.2%乙烯利溶液处理在植株上催熟,方法是将0.2毫升乙烯利溶液滴在果柄根部,不可点在果实上,防止灼伤果皮。随着温度的升高,果实成熟过程加快,一般不用采下催熟。如果需要拉秧,可将采下的青果摆放在阴凉避雨的室内,自然红熟后上市。高温期用乙烯利催熟,易加快果实变软,影响贮运销售。

(8)病虫害防治 主要侵染性病害有灰霉病、晚疫病,生理性病害有畸形果、脐腐病。应加强管理,以防为主,及早防治。灰霉病可用烟熏加叶面喷洒药液防治,管理上还要及时摘除败落的花瓣。

7. 种植风险及效益分析 该茬番茄4月中旬采收上市,6月上中旬拉秧,正值番茄市场淡季,价格高,销路好。生长期间温度由低到高,易管理,效益高,种植风险小。每667米^{2}产量8 000~9 000千克。生产中栽大苗有利于早熟和产量、产值的提高。该茬番茄对品种和育苗条件要求高,生产的关键环节是加强苗期管理。

三、樱桃番茄栽培技术

樱桃番茄原产于南美洲,其外观玲珑可爱,颜色诱人,具有独特的天然风味,是菜中佳肴、果中上品,富含多种维生素和矿物质。果汁中含甘汞,对肝脏有益,有降血压、预防动脉硬化、利尿、保肾等保健功能。可作水果食用,也可在上面横切几刀,做成花瓣形,点缀凉菜拼盘、添色餐桌。与普通番茄相比,樱桃番茄果肉的可溶性固形物含量高出1倍以上,鲜食口感好。

(一)设施条件

可以露地栽培,也可以大棚、日光温室等保护地栽培。

(二)品种选择

作为鲜食的樱桃番茄品种,要求可溶性固形物含量达到7%以上,品质优良。单果重15克左右,过小,产量低;过大,食用不方便,汁液四溢,不雅观。果肉厚,种腔小,汁液少。生产中可选用"圣女"、"郑秀2号"、"樱红1号"等品种。

(三)主要种植茬口

樱桃番茄消费的旺季主要在春节期间和早春,其他季节蔬菜和水果种类多,樱桃番茄的消费量一般。由于樱桃番茄果实小,采摘费工费时,产量较低,因此只能适量种植。适宜种植的茬口主要有秋冬茬、冬春茬和春露地栽培,也可以进行越冬—大茬栽培。

(四)播种育苗

秋冬茬栽培播种期在7月下旬至8月中旬,苗龄30天,主要供应春节市场。冬春茬栽培播种期在11月下旬至12月上旬,苗龄55~60天,主要供应早春市场。春露地栽培播种期1月底至2月初,苗龄55~60天,主要供应本地和北方春季市场。樱桃番茄种子较小,每667米^{2}用种量12~15克。播种前将苗床浇透,把种子均匀撒于床上,播后覆0.5~1厘米厚的土或蛭石,出苗前注意保持苗床湿润。夏秋季地温高,3~4天出苗。冬春季温度低,播种前对种子要进行消毒和催芽,采用电热线温床育苗。对种子价格较高的优良进口品种,为了节省成本可进行扦插繁殖,即按1芽1节或2芽1节的规格剪成插条,用2000毫克/千克生根粉液浸蘸根部后扦插在铺有沙质壤土或基质的苗床上。扦插前每100

米^2 苗床用50%多菌灵可湿性粉剂70克处理后浇透水,待水渗下后趁湿扦插,并覆盖小拱棚保湿遮阴。插后5天内避免阳光直射,棚内白天温度保持22℃～25℃、夜间15℃～18℃,一般5天左右即可生根。生根后逐渐撤去小拱棚,拔除病株,抹除腋芽。注意防治白粉虱等害虫。

(五)整地定植

选择土层深厚、排水良好、地力肥沃的土壤,以未种过茄科作物的地块种植为好。樱桃番茄要求品质优良,因此要多施有机肥,并控制氮肥用量,一般每667米^2 施腐熟鸡粪5米^3、饼肥100千克、磷酸二铵50千克、硫酸钾50千克、硼肥和锌肥各1千克(每2～3年施用1次),将肥料撒于地面后深翻,使肥料与土壤充分混合均匀,耙平地面后按大小行起垄,大行距0.7米,小行距0.5米。春季栽培宜在定植前覆地膜,既可提高地温、保墒、保持土壤疏松、抑制杂草生长,还可预防果实腐烂,保护果实清洁,提高商品价值。秋冬季栽培时,在气温下降时应覆盖地膜保温降湿。早春和春露地栽培时,当幼苗长至6～7片叶、现花蕾时定植;秋冬茬栽培时,当幼苗4～5片叶时定植。定植以子叶高出地面1厘米为宜,栽后要浇透水。定植株行距40厘米×60厘米左右,每667米^2 栽2 800株左右。

(六)田间管理

相对于普通大果型番茄来讲,樱桃番茄的抗病、抗逆性更强,为了更好适应消费者的需求,在管理上更应注重品质的提高。

1. 温湿度管理 樱桃番茄整个生长期对温度的要求比普通番茄低1℃～2℃,一般白天温度控制在23℃～25℃、夜间15℃～17℃,空气相对湿度控制在30%～50%。低温期的管理方法同越冬一大茬番茄。

2. 光照管理 采用聚氯乙烯无滴膜或EVA复合膜(紫光膜)覆盖。低温期管理以增加光照,提高棚温,降低湿度为主。整个生育期要加强光照,低温期定期擦拭棚膜;高温期遇高温强光,可于中午前后盖花苫或用遮阳网遮阴;低温阴雨天气,可在棚内增设反光幕,增加群体光照,提高叶片光合作用,同时提高抗病性。

3. 肥水管理 定植后至开花前若地面发干可浇1次缓苗水,第一穗果坐住后,保持地面"见干见湿",一次浇水量不宜过大。封垄前(叶片遮严地面)每次浇水后都应中耕1次,避免土壤板结。第一穗果采收后结合浇水每667米^{2}追施尿素12千克、硫酸钾15千克。保护地浇水后要及时通风排湿,露地种植的降雨后及时排水。生长期注意叶面追肥,如磷酸二氢钾、过磷酸钙、光合微肥等,增强植株抗病能力。樱桃番茄的需水需肥量小,水分管理上始终保持相对干燥状态,有利于预防病害发生和提高果实品质。每结2~3穗果施1次肥,同时增施钾肥,可提高樱桃番茄品质。采收期浇水应在采果后进行,以保持果实较好的风味和耐贮性。

棚内施用二氧化碳气肥,抗病增产效果显著。可采用稀硫酸与碳酸氢铵反应法,一般每667米^{2}温室用浓硫酸2千克、碳酸氢铵2千克。浓硫酸先稀释成稀硫酸,方法是按1份硫酸(95%工业硫酸)3份水的比例,先在容量为8千克以上的塑料桶内加水,水面不超过桶高的1/3,然后将硫酸缓慢地倒入水中(注意不能将水倒入硫酸中),冷却至常温后分放在5~6个塑料桶中。用塑料袋将碳酸氢铵分别包好,用针在塑料袋上扎8~10个小孔,在晴天早上日出后、通风前投放到装有稀硫酸的塑料桶内,发生反应放出的二氧化碳浓度以达到800毫克/千克为宜,注意阴雨天及通风时不宜施用。此外,还可以用二氧化碳发生器直接施放二氧化碳。

4. 吊蔓整枝 当秧苗长至40厘米时,及时把秧苗吊起,同时进行整枝打杈。一般采用单干整枝,只保留主干。自封顶品种采用换头栽培法,即始终保留植株上部1个长势强的侧枝代替封顶的主枝生长。无限生长型品种只保留主枝,摘除全部叶腋内长出的侧枝,在拉秧前30天摘心,摘心时顶部花序以上留2片叶。对于生长势强的无限生长型品种,可以采用两穗摘心换头整枝法,以削弱植株长势,增加结果穗数和产量。

樱桃番茄连续两穗摘心换头整枝法:每个结果枝结2穗果摘心换头,即当主枝上第二花序现大花蕾时,其上留2片叶打顶,作为一级结果枝;为了保持植株生长旺盛,一般选留主枝第一花序下边的侧枝作二级结果枝,当二级结果枝上第二花序现大花蕾时,其上留2片叶打顶,并选留其第一花序下的侧枝作第三结果枝。如此选留,可选留至多级结果枝,结果枝生长势变弱时,或计划拉秧前30天,顶部花序以上留2片叶打顶。当结果枝确定后开始扭枝,扭枝分两次进行,防止将枝条扭断。扭枝最好选择下午进行,一手轻捏侧枝分杈处,一手捏结果枝,轻轻扭转半圈左右,隔2~3天进行第二次扭枝,使枝条平直或微垂。注意扭枝的方向,使结果枝均匀分布在大、小行间,有利通风透光。扭枝的作用是增加枝条的承载能力,防止果实膨大后将枝条压折或任意下垂造成株间郁闭。这种整枝法与单干整枝法相比具有削弱植株长势、促进坐果和早熟的作用。同时,株高增长慢,避免了大幅度落蔓对果实和植株生长的影响,有利于连续开花结果,方便管理。每个结果枝在果实采收后都要及时剪掉,有利于行间通风。应该注意的是经过几次换头后侧枝长势变弱,应适当晚打杈,并加强肥水管理,防止脱肥早衰。

保护地栽培可采用大棚专用尼龙绳吊蔓,露地多采用四角架或人字架。樱桃番茄生长快,果实虽小,但数量多、枝叶重,因此绑吊绳的铁丝要结实,支架要插稳,绑结实,防止结果盛期压塌或大风吹倒架材、折断茎秆、捂烂果实,降低产量。

5. 落蔓和打老叶 樱桃番茄生长快,当植株生长高度至不便于管理时,应及时进行落蔓。落蔓前先将绿熟期果实下部的老叶、

第四章 番茄四季栽培技术

病叶和已经采收完的结果枝或花序剪除,将茎蔓顺定植行下落,以最下边的花序离地面10厘米为宜。打顶后发生的侧枝,只要不影响田间通风透光,可以摘心留叶,以利于上部果实生长发育。

6. 保花保果和疏花疏果 樱桃番茄的自然结实能力强,一般不需要使用激素辅助坐果。但在低温期和高温期,由于棚内授粉受精不良,常常出现坐果率低和豆果现象,需要及时使用植物生长调节剂处理以保花保果。可使用丰产剂2号或番茄灵,但使用浓度比普通番茄应低20%。使用浓度偏大或重复使用时,易出现空洞果,影响商品性和品质。樱桃番茄花序大,1个花序的开放时间长,比较稳妥的方式是点花,也可喷花,每隔3天喷1次花,每花序喷花2~3次。

樱桃番茄一般不疏花疏果,但有些大花序的品种果穗长,需要及时疏除花序顶端的小花蕾和花序上的病果、畸形果等。

7. 采收时期和方法 秋冬茬樱桃番茄11月上旬至11月下旬开始成熟上市,12月份进入成熟盛期。此期气温偏低,青熟果转色慢,红熟果后熟慢,挂果时间长,可以根据市场行情采收上市。元旦前1周和春节前2~3周是樱桃番茄市场需求高峰期,可集中采收上市。冬春季和春露地樱桃番茄上市期气候已转暖,应适时采收。硬果型樱桃番茄在果实充分转色成熟时采收,才可以表现出品种特有的风味;软肉型品种,如圆果型品种,在硬熟期采收;黄果类型品种,果实8成熟时采收,才能保持品种原有的风味。采收时注意保留萼片,可从果柄离层处采摘,也可以整穗采摘,保持新鲜。樱桃番茄个小,装箱后通气不良,果面湿度大时常常导致烂果,因此适宜的采摘时间为下午或没有露水的上午。

8. 病虫害防治 樱桃番茄以鲜食生吃为主,在病虫害防治上一定要以农业防治、物理防治和生物防治为主,化学农药防治为辅,严格农药使用安全间隔期。

(1)农业防治 创造适宜的栽培环境,避免病虫害发生和危害。一是忌连作。与非茄科作物实行2～3年轮作。二是提倡水旱轮作。实践证明,水旱轮作可有效杀灭土壤中危害番茄的根结线虫等害虫和病菌,提高土壤供肥能力,有利于番茄生长和产量形成,减轻病虫危害程度。三是选择抗病虫并与栽培季节及栽培方式相适应的番茄品种。四是土壤消毒。在保证单位面积土地经济收入的前提下,适当进行土地休闲,或种植绿肥,或利用夏季高温、强光进行土壤杀菌,以恢复地力,提高土壤供肥能力,减少田间病虫来源。五是选用无病虫种子,播种前进行种子消毒。六是适时播种,从栽培时间上避开病害高发期。七是采取营养土护根育苗,培育无病虫壮苗。八是对计划种植番茄的地块进行清理和消毒。采取保护地或自然隔离栽培措施,消除田间和周围杂草,创造适宜的栽培环境,减少病虫传播危害。整地前或收获后彻底清除作物病残体,病株、病叶应带出田间,集中深埋或烧毁,不乱丢弃。九是合理密植,保持田间通风透光,防止病虫害滋生蔓延。十是加强田间管理,及时进行植株调整。番茄的发枝力强,当植株达到一定的密度时,注意侧枝的选留方式,多余侧枝全部摘除或剪除,防止疯长造成田间郁闭引发病害。进入采收期后,应及时打掉植株下部老叶,保证田间通风透光。同时,适时适量浇水追肥,创造适宜番茄生长发育的环境条件。

(2)物理防治 一是利用晒种、温汤浸种、干热灭菌等方法处理种子,杀灭或减少种子传播的病虫害;利用太阳能提高棚室温度,高温闷棚杀菌,抑制病害。二是使用黑光灯、高压汞灯、频振式杀虫灯等诱杀害虫;使用防虫网、遮阳网等,隔离害虫、减少日光灼伤等。三是利用害虫的趋避性进行防治,使用黄板等诱杀害虫或铺盖银灰色地膜驱避蚜虫等。

(3)生物农药防治 利用天敌昆虫、害虫的寄生微生物、农用抗生素及其他生物制剂等防治病虫害,减轻残留和环境污染。一是以虫治虫。利用瓢虫、草蛉等捕食性天敌和赤眼蜂等寄生性天

第四章 番茄四季栽培技术

敌防治蚜虫、棉铃虫等害虫。二是以菌及菌制剂防治虫害。利用苏云金杆菌、白僵菌、绿僵菌、颗粒体病毒、阿维菌素、浏阳霉素等生物制剂防治害虫。三是利用印楝素、苦皮藤、烟碱等植物源农药防治害虫。四是苗期接种弱毒疫苗防治病毒病,苗期接种黄瓜花叶病毒卫星疫苗 S52 和烟草花叶病毒弱毒疫苗 N14 等使植株获得抗病毒能力。五是苗期用氨基寡糖素、甲壳素等诱导抗病性,用多抗霉素、嘧啶核苷类抗菌素、硫酸链霉素及新植霉素等农用抗生素,防治番茄细菌性和真菌性病害。

(4)科学合理使用化学农药　目前,蔬菜生产上使用化学农药防治病虫害仍然是主要措施,关键是要做到科学用药,达到既有效地防治病虫害,又把化学农药毒副作用降低到最低水平,使生产的樱桃番茄达到无公害的要求。①选用高效低毒、低残留农药,严禁使用高毒、高残留农药。②严格掌握农药安全使用规则。国家对所有农药都规定了在每种作物上每 667 米^2 每次常用量,最高施用量,最多施用次数,施药方法和最后 1 次施药距收获的天数(安全间隔期),生产中应严格执行。例如,菊酯类农药在樱桃番茄上每 667 米^2 用药量为 20~30 毫升(或克),最后 1 次施药离收获的时间为 1 天,最多使用次数为 2 次;75%百菌清可湿性粉剂每 667 米^2 用药量为 145~270 毫升,最后 1 次施药离收获的时间为 7 天,最多使用 3 次。③交替轮换使用农药品种。为防止和减缓病虫对农药产生抗性,要交替和轮换使用农药,同种类农药不要在同一种作物上连续使用。在选择农药时,应注意选用化学结构不同,作用机制不同以及没有交互抗性的农药品种。④选用合适的农药剂型和合理的施药方法。低温高湿期尽量选用粉尘剂、烟剂、可湿性粉剂等剂型,既不增加棚内湿度,还能减少多种病害的传播蔓延。在施药方法上,要尽量减少用药次数和用药量,或减少用水量,提高药液雾化效果,尽量一次施药兼治多种病虫害。⑤科学使用植物生长调节剂。在使用植物生长调节剂时,加入 50%腐霉利可湿性粉剂1 000倍液等,既保花又防病。

(七)种植效益及风险分析

一般秋冬茬樱桃番茄每667米^{2}产量5 000~6 000千克。冬春茬樱桃番茄每667米^{2}产量4 000~5 000千克,春露地樱桃番茄每667米^{2}产量4 000千克左右。生产中病虫害相对较轻,种植风险小,收益相对稳定。生产中应该注意:一是樱桃番茄主要用作生食,对品种的风味品质和商品外观要求高,宜选择可溶性固形物含量高、色泽鲜艳、果实大小适中的品种;栽培管理过程中通过增施腐熟有机肥、饼肥和钾肥,严格控制浇水量,减少农药使用,适时采收等措施,提高果实品质。二是樱桃番茄果实小、产量较低,采摘费工费时,生产成本高。三是以作水果生食为主,市场需求量相对较小,且受季节影响大;市场占有量受其他水果及西瓜、甜瓜的影响大,应选择合适的季节种植和上市。

第五章 番茄贮藏保鲜技术

一、番茄成熟与贮藏过程中的生理变化

番茄原产于热带,性喜温暖,不耐 0℃ 以下的温度,但不同的成熟度对温度的耐受性也不一样。番茄属于呼吸跃变型果实,成熟果实适宜贮藏在温度为 0℃~2℃、空气相对湿度为 85%~90% 的环境条件下;绿熟果实适宜贮藏在温度为 10℃~13℃、空气相对湿度为 80%~85% 的环境条件下,低于 8℃ 即遭冷害。采后的番茄果实仍在进行旺盛的生命活动,发生着一系列生理生化变化,因此一切贮藏保鲜措施都是在维持其最低限度的呼吸代谢,并保持其生理功能不发生失调的前提下进行。采后的番茄果实生物组织呼吸并释放出热能,其贮藏期限在一定范围内和呼吸强度成反比,延长贮藏期限的基本原理是降低呼吸强度。植物的呼吸过程是一个水分和营养物质消耗及组织衰老过程,而且是不可避免的。

(一)番茄的呼吸作用

番茄属于典型的呼吸跃变型果实,从生长发育成熟到衰老,呼吸作用分为 4 个时期:①呼吸强烈期,即番茄细胞分裂的幼果阶段。②呼吸降落期。番茄处于细胞增大阶段,此阶段的后期即为番茄食用成熟阶段。③呼吸升高期。番茄呼吸进入跃变阶段,呼吸强度迅速上升,果实进入成熟阶段。④呼吸衰败期。番茄进入呼吸跃变的下降期,呼吸强度由高峰下降,进入衰老期,耐贮性及抗病性均下降,品质变劣。呼吸跃变标志着番茄成熟衰老的开始,一旦进入跃变期,成熟就是一个不可逆过程,改变环境条件,只能

延缓或加速这个过程,而不能中止。因此,呼吸衰败期对贮藏期的长短有重要影响。

(二)番茄的成熟过程

番茄果实着色,主要依靠类胡萝卜素系色素来完成。番茄果实在生理成熟之前含有大量叶绿素,其功能与叶片叶绿素的功能相同,参与光合作用。番茄绿熟果中叶绿素的含量较多,类胡萝卜素色素较少。但随着果实的成熟,从催熟期到完熟期,叶绿素急剧减少,类胡萝卜素增多。由类胡萝卜素合成的番茄红素所占的比率为75%～85%,同时还形成少量的胡萝卜素及其他色素。果实由半熟期向成熟期的发育过程是番茄红素合成的关键时期,番茄转色的适宜温度为20℃～25℃;33℃以上的高温抑制番茄红素的合成,类胡萝卜素积聚使果实呈黄色;10℃～13℃条件下转色缓慢;温度低于6℃时停滞在绿熟期。在果实成熟时叶绿素逐渐消失,叶绿体经过超微结构和功能转换变为有色体。有色体的主要功能是转化和积累类胡萝卜素,对番茄而言,主要是产生和积累番茄红素,使果实变红。

(三)采后番茄的生理代谢

番茄的主要代谢是呼吸代谢,由于呼吸代谢同番茄的各种生理生化过程有着密切的联系,并制约着生理生化变化,因此必然会影响采后番茄的品质、成熟度、耐贮性、抗病性以及整个贮藏寿命,呼吸作用越旺盛,各种生理生化过程进行得越快,贮藏寿命就越短。但一切生命活动所需的能量都要依靠呼吸来提供,呼吸失调则发生生理障碍,出现生理病害。在番茄的贮藏保鲜中既要设法抑制呼吸,但又不可过分抑制,同时还要尽量避免无氧呼吸的发生。生产中应在保持番茄果实正常的生命前提下,尽量使呼吸作用进行得缓慢一些,控制其呼吸作用的进程,减缓在贮藏过程中营

第五章 番茄贮藏保鲜技术

养物质的消耗,达到保鲜保质,延长贮藏期的目的。采收后的番茄在呼出二氧化碳和水的同时,也呼出乙烯。目前,人们认为乙烯的生成是由于呼吸高峰上升所造成的,在番茄成熟过程中乙烯起着重要的作用,这种作用通过乙烯生成量的增加和番茄组织对乙烯敏感性的改变而实现。乙烯是促进番茄成熟的气相植物激素,任何良好的贮存措施也难以抑制它的催熟作用。因此,有效地调控番茄成熟过程中乙烯的生物合成,及时脱出贮藏环境中的乙烯,是解决番茄贮藏保鲜的关键。

(四)影响番茄贮藏的因素

1. 果实硬度 番茄果实硬度是判断其商品质量、耐贮运性和货架寿命的重要因素。影响番茄硬度的主要是果胶物质,果胶物质以原果胶、果胶和果胶酸3种形式存在。原果胶存在于绿熟番茄的组织中,使果胶表现较硬状态,随着绿熟果实的转色,原果胶转变为可溶性果胶,表现出较软的状态,果实过熟时,果胶转变为果胶酸,无黏性,果实呈软烂状态。在这一系列的转变过程中,细胞壁水解酶起重要作用,其中起主要作用的是多聚半乳糖醛酸酶。多聚半乳糖醛酸酶在绿熟果时期并不存在,随着番茄果实的成熟,逐渐增多,在果实转红期间大量积累,并迅速降解绿果中未分离的细胞壁,使其硬度迅速下降,果实便很快变软。

2. 果实中的养分含量及性质 番茄果实中含有多种营养成分,这些营养成分的性质、含量及采后的变化与贮藏密切相关。可溶性固形物是指细胞液内所含的一些可溶性的氨基酸、维生素、矿物质、糖类等,其中以糖类为主。番茄从绿熟至完熟过程中,可溶性固形物含量先有较小幅度的增加,再逐渐减小。随着番茄的逐渐成熟,可溶性固形物逐渐增加,但随着呼吸作用的不断进行,由于没有外界营养供给,使番茄内有机物逐渐减少,可溶性固形物的含量又随之降低。番茄果实中有机酸主要是柠檬酸和苹果酸,柠檬酸的含量在绿熟阶段达到高峰,在此之后的整个成熟期始终保持这一水平,而苹果酸则含量下降,使成熟果中柠檬酸含量超过果实酸总量的一半。在贮藏过程中,部分有机酸用作呼吸底物被消耗,也有部分有机酸在体内转化为糖类。在果实成熟过程中,有机酸有逐渐下降的趋势,特别是着色后,下降加快。影响果实酸味的,不仅是果汁中含酸量的数值,主要是酸与糖含量的比例。番茄在成熟时,味道变甜,一方面是酸的含量大幅度下降,另一方面是糖的含量有所增加。番茄果实中有丰富的维生素,特别是维生素C含量较高。果实在早期就含有一定量的维生素C,绿熟期已达顶峰,不同番茄品种及栽培环境条件,对维生素C含量有影响。一般认为同一品种小果中维生素C较多些;生长在自然光照条件下,维生素C的含量较多。绿熟果收获后,由于组织中的氧化酶等作用被破坏,呼吸作用消耗使得有机物逐渐减少,合成维生素C的底物不足,以及维生素C的不稳定性,容易分解,使番茄的维生素C含量又逐渐减少。

3. 失重和腐烂现象 番茄果实的含水量很高,一般在95%左右。水分的存在是番茄生命活动的必要条件,但含水量过高就会给微生物和酶的活动创造有利条件,从而引起腐烂变质;水分散失过多,则会导致番茄早期衰老,并降低或失去原来的鲜嫩品质和食用价值。果实腐烂是自身组织衰老和外界致病菌侵染的结果。番茄果实离开母体后,随着自身贮备的有机物和水分的逐渐减少,组织逐渐崩溃,对外界的不良环境抵抗力逐渐减弱,外界微生物更容易侵入组织内部,果实内部潜伏的微生物也逐渐复苏,使果实开始腐烂变质。果实失重主要是由于呼吸作用和水分的蒸腾作用所致,这是因为番茄采摘后仍是一个活的有机体,由于失去了营养和水分的供给,只能通过呼吸作用提供所需能量,通过蒸腾作用提供所需动力,这些又都是以消耗自身贮备的有机物和水分为基础的,必将会导致番茄果实的重量减少。

二、番茄的贮藏特性

贮藏番茄应选种子腔小、皮厚、肉质致密、干物质和糖含量高、组织保水力强的品种。不同品种的番茄,其耐贮性和抗病性差异很大,晚熟品种比早熟品种耐贮藏,品种间的差异也受地区和栽培条件的影响。果实在植株的着生部位和发育情况也影响其贮藏性,生长前期和中期(一般中下部)的果实,发育充实,抗病性强,耐贮;生长后期(上部)的果实,不耐贮。番茄果实的成熟度和贮藏条件不同,其耐贮性也不同。生产中判断番茄果实的成熟度,最好的指标就是着色的程度,一般根据果实着色程度分为绿熟期、初熟期(转色期至顶红期)、半熟期(半红期)、硬熟期(红而硬)、完熟期(红而软)5个阶段。绿熟期果实已充分长大,果硬,果皮浅绿色,果顶部由绿变白,但还没有着色;初熟期果实表面开始转色,顶部微红,俗称"一点红";半熟期果实着色进一步发展,由果实顶部扩展到果实腹部,着色面积达50%左右;硬熟期果面基本变红,果实的肩部只剩少许绿色,但仍然保持一定的硬度,已呈现果实特有色泽和风味;完熟期整个果实已充分全面着色、变红,肉质逐渐软化。番茄果实绿熟期至初熟期已充分成长,糖、酸等干物质积累已经基本完成,果实健壮,具有一定的耐贮性和抗病性,在贮藏中能够完成后熟过程,可以获得接近在植株上充分成熟的品质。所以,长期贮藏应在此期采摘,并且在贮藏中使番茄尽可能滞留在这个生理阶段。鲜食番茄多在半熟期至硬熟期采摘,此时果实色泽、香气和味道较佳,但果实开始进入或已经处在呼吸跃变后期的生理衰老阶段,不能进行长期贮藏。番茄红熟果实在0℃~2℃条件下贮藏期极短,可贮藏10~15天。绿熟果实在温度10℃~13℃、空气相对湿度80%~85%条件下,贮藏期为30~50天;在10℃~13℃、加2%~4%氧和3%~6%二氧化碳气调条件下,可延缓后熟过程,延长保鲜,可贮藏 60~80 天。绿熟果低于 8℃易受冷害,果实呈水渍状软烂或开裂,果面出现褐色小圆斑,不能正常后熟,易染病腐烂。

三、番茄采摘与贮藏方法

(一)适期采摘

番茄采收的成熟度与耐贮性有密切关系,用于中长期贮藏及远距离运输的果实应在绿熟期至微熟期采收,并在贮藏运输中尽量保持该生理阶段;用于短期贮藏或远距离运输的果实可选择在初熟期至半熟期采收。贮藏用的番茄采收前 2~3 天不宜灌水,以增加果实干物质含量,防止果实吸水膨胀而产生裂痕,并引起腐烂变质。同时,应选择植株中部着生的果实,这是因为最下层的果实接触地面容易带病菌,植株顶部的果实内物质不充实不耐贮藏。采摘贮藏番茄应在露水干后进行,不要在雨天采收。

(二)果实整理与贮藏场所消毒

采收时不带果柄,并要轻拿轻放,避免机械损伤。采后对果实严格挑选,除去病果、裂果及伤果,装入筐内或箱内,每筐装 2~3 层果实。果实下面最好用柔软材料衬垫,以防损伤果实,所用包装材料最好在用前进行消毒处理。包装材料可用 0.1%次氯酸钙溶液,或 0.2%苯甲酸钠溶液消毒处理,用于装番茄的筐或箱及工具用 0.5%漂白粉混悬液消毒处理,每立方米贮藏室用高锰酸钾 0.5 克加 40%甲醛 1 克提前 2 天消毒处理。

用于贮藏的果实要求完整无损,无机械伤,未表现病症,成熟度一致。挑选好的番茄按每袋 10~20 千克用 0.02 毫米厚的聚乙烯薄膜袋分装好(农家贮藏可用 0.03 毫米厚的袋子,在袋口扎紧处插入一根两端开通的细竹筒),每箱装 1 袋,每箱装果量以占能装重量的 3/5 为度,不宜装满,以防挤压损伤及通气不良而腐烂。

(三)番茄贮藏方法

不同季节采用不同的贮藏办法,夏秋季节多利用地窖、通风库、地下室等阴凉场所贮藏,一般贮藏 20～30 天后果实全部转红。秋季在 10℃～13℃ 条件下,可贮藏 1 个月。夏季高温季节用冷藏贮藏,绿熟果的适宜贮藏温度为 12℃～13℃,红熟果为 1℃～2℃,贮藏期可达 30～45 天。对于未转色的绿熟期番茄出库后,可用 1 000～2 000 毫克/千克乙烯利溶液浸果 5 分钟,晾干后装箱,用塑料薄膜覆盖,然后放在 25℃～28℃ 条件下催熟。

1. 土窖贮藏法　入窖前,去除有伤果、病果、虫果等不合格的果实,将好果装入果箱或果筐。装筐(箱)时注意不要码得过厚,一般码 4～5 层,以防压伤底部的果实。码垛前,在窖底铺一层高 10～15 厘米的枕木,然后在枕木上将番茄果实码成花垛,垛与垛之间距离为 30～40 厘米,垛与墙的距离为 20 厘米,垛与窖顶距离为 20～30 厘米,以利通风换气。贮藏期间通过通风换气的方式进行温湿度调节,期间注意观察番茄品质的变化,一般每 7～10 天检查 1 次,挑出过熟的果实上市销售。生产中除了用筐(箱)藏之外,还可用架藏。即用角铁、竹板做成菜架,层高 30～40 厘米,宽度 80～100 厘米,底层距地面 20 厘米,在每层架上铺上柔软的衬垫物,消毒后在每层架上码 4～5 层番茄。架藏的优点是在贮藏期间便于对果实进行观察,发现问题及时处理,损耗较小,但成本较高。

2. 简易气调贮藏法　用简易气调法贮藏番茄效果好、保鲜时间长。贮藏前先将贮藏场所消毒(包括所用容器及包装),并将温度调控至 10℃ 左右。在贮藏场所内,先铺垫底薄膜(一般为聚乙烯塑料薄膜,厚度为 0.12～0.2 毫米),其面积略大于帐顶,上放枕木。为了防止二氧化碳浓度过高,可在枕木间均匀撒消石灰,用量为每 1 000 千克番茄需消石灰 15～20 千克。将箱装的番茄码放其上,码成花垛,然后用塑料大帐罩住,大帐的四壁和垫底薄膜的四边分别重叠卷合在一起并埋入垛四周。为了避免帐顶和四壁的凝结水落到果实上,应使密闭帐悬空,不要紧贴菜垛,也可在菜垛顶部和帐顶之间加衬一层吸水物。为防止微生物生长和繁殖,可按每立方米帐容用仲丁胺0.05毫升,注射到某一多孔性的载体上,如棉球、卫生纸等,然后将有药的载体悬挂于帐内,注意不要将药滴落到果实上,以免引起药害;也可用氯气消毒,每3~4天进行1次,用量为帐容的0.2%;还可每1000千克的番茄帐内用漂白粉0.5千克消毒处理,有效期为10天。此外,在帐内放一定量的乙烯吸收剂,可防止番茄在贮藏过程中变色和后熟。在贮藏过程中,应定期测定帐内的氧和二氧化碳含量,保持贮藏环境中有2%~4%的氧和3%~6%的二氧化碳。当氧低于2%时,果皮会出现局部下陷和浅褐色斑痕,严重时果皮变白,果蒂部腐烂。二氧化碳浓度过高时,果皮上会出现白点,随后转为棕色斑点。当氧低于2%时,应通风补氧;当二氧化碳高于6%时,则要更换一部分消石灰,避免因缺氧和高二氧化碳造成的伤害。

3. 苯甲酸钠防腐贮藏法 将番茄洗净,装入缸内或稍大一些的瓷缸里,摆一层番茄,撒一层苯甲酸钠药粉,等装满后将容器密封起来,放在阴凉处保存。也可将洗净的番茄摘去萼片,撒进少量防腐药物,将整个番茄装入容器内,然后密封保存。一般苯甲酸钠5~7.5克,可贮藏番茄5千克。这种方法简单方便,易于大量贮藏。

4. 吸附剂贮藏法 生产中常用的吸附剂贮藏法有2种:①沸石、膨润土、活性炭、氢氧化钙,按50∶50∶0∶0,或0∶50∶50∶0,或35∶30∶35∶0,或0∶45∶45∶10的比例配制成4种复合保鲜剂,各称10克,分别装入1个透气的小袋内。再把4个小袋分别放在盛有4千克番茄的4个容器中,在20℃条件下封存,定期检查。结果发现,放有4种复合保鲜剂容器内的番茄到14天时颜色尚未转变,到21天时也没有霉菌生长。这种普通而廉价的复合保鲜剂,在适宜的条件下,可使番茄的贮藏期延长3倍左右。②将30份沸石、20份活性炭、30份硫酸亚铁、30份氢氧化钙和1份水混合配成复合保鲜剂。将配制好的复合保鲜剂10克装入1个内衬有多孔聚乙烯薄膜的小纸袋内,并用0.5毫升水将纸袋润湿,然后与番茄一起封装在1个容量为4千克的大聚乙烯袋中。在10℃~13℃条件下贮藏60天,番茄颜色不变。

5. 保鲜膜贮藏法 用涂料涂抹或浸涂在番茄整个表面,干燥后便形成一层无色防腐薄膜,能起到良好的保鲜作用。涂料的制备方法:在100份重量的水中溶解0.75份蔗糖脂肪酸酯或油酸钠,加热至60℃后再加入2份酪蛋白,并加入15份在60℃条件下熔化的椰子油,以每分钟6 000转的转速搅拌混合而成。这种涂料抹在番茄表面制成的保鲜膜,干后贮藏保鲜效果极佳。

6. 防腐膜贮藏法 蜂蜡10份、酪蛋白2份、蔗糖脂肪酸酯1份,经充分混合制成一种乳浊状涂料。用这种保鲜涂料涂于番茄梗部形成防腐膜,可有效地控制番茄的呼吸强度,达到防腐保鲜、延迟成熟的目的。

7. 番茄防腐膜涂料法 10份蜂蜡、20份阿拉伯胶、1份蔗糖脂肪酸酯,经混合后,加热至40℃使其成糊状混合物,用来涂抹番茄梗部,作为防腐膜的形成剂。

8. 气调贮藏保鲜 气调贮藏保鲜是公认的果蔬保鲜技术中最为有效的方法,国外应用较多,英国约有80%的蔬菜贮藏在气调冷库中,美国有44%,意大利有30%。目前,我国的气调库很少,且充入的二氧化碳气体制备成本高,还要经常测试气体成分。采用无包装气调,易引起果蔬失水,造成生理失调,产生后熟不匀,影响风味和香味;若采用小包装气调,又会由于密闭不透气湿度大而引起腐烂。

9. 减压贮藏 把贮藏场所的气压降低,造成一定的真空度,使空气中各组分的绝对含量降为原来的 1/10,这样创造了 1 个低氧条件,具有气调贮藏的作用,还能促进植物组织内有害气体成分向外扩散,有利于抑制果蔬的成熟和衰老。此外,减压贮藏还有护绿、防止软化及减轻冷害和生理病害的效应。但减压贮藏技术成本高,而且只能抑制病虫害蔓延,而不能杀灭病虫害。

10. 辐射保鲜 辐射保鲜是 20 世纪 40 年代开始应用的,目前已有 70 多个国家对 130 多种食品进行辐射研究,其中 30 个国家已建立试验工厂规模的辐射场,22 个国家有 39 类辐射食品批准食用。然而辐射技术不能有效抑制食品水分的蒸发,保鲜效果也较为有限,且对剂量要求严格,剂量过高使果蔬变色、变味,甚至丧失食用价值。辐射处理可能会导致新鲜果蔬组织褐变和变软,维生素被破坏。

此外,对果蔬进行保鲜的物理方法还有高压静电场和脉冲光保鲜,这两种方法都具有投资少、能耗低、无环境污染以及对果蔬品质影响小的特点。但其技术含量较高,需要专业人员进行操作。

第六章　番茄病虫害防治技术

一、番茄病虫害防治原则

番茄病虫害防治应本着"预防为主,综合防治"的方针,遵循"无病早防,有病早治"的防治方法,因地制宜采取"避、阻、诱、杀"等防治措施。生产中应以农业防治为主,结合物理防治和生物化学防治,少量、合理地使用低毒、低残留农药的综合防治技术。禁止使用高毒、高残留和具有致畸、致癌的农药和迟发性神经系统中毒农药。通过选用抗病品种、培育无病壮苗、轮作、覆盖防虫网等农业技术措施,通过温湿度的合理调控,创造出适宜番茄生长发育而不利于病菌侵染的生态环境;根据病虫害的发生危害规律,选用合适的农药在最佳防治时期进行防治,并在施药时加入农药增效剂,提高药效,防止或延缓病虫抗药性的产生,降低在蔬菜中的残留。但番茄属持续采收的蔬菜作物,且多为生食,在施用农药时,应严格按照规定的安全间隔期、浓度、施药方法用药,避开采摘时间施药;同时应交替施用不同类型的农药,阴天喷药时要用烟剂和粉尘剂,尽量不用喷雾剂,以免增加温室内的空气湿度。

(一)番茄病虫害防治的误区

在实际生产中,由于有些菜农在防治病虫害时存在一些误区,造成防治效果较差,甚至生产出的番茄农药残留超标,主要表现在以下几个方面。①药不对症,喷洒部位不准。既浪费了人力、财力,又耽误了最佳防治时期,效果不好。②重视叶面喷药,忽视规范防治;盲目喷药,用药无针对性。③混配农药不当。有的菜农发现病虫害严重,将十几种农药混在一起喷施,造成资金浪费,防效无保证,农药残留超标,污染果面,降低果品质量。④高毒农药仍在使用,喷施农药不慎重,没有严格按照生产要求控制农药残留,甚至认为农药毒性越大效果越好。另外,长期连作造成土传病害严重,育苗、施肥、田间管理等病虫预防性措施多被忽视。

(二)番茄病虫害综合防治措施

番茄疫霉病、早疫病、叶霉病、灰霉病的病残体都可成为初侵染的来源,深耕晒土、冻土和冬灌,可杀灭病虫并促使病残体腐烂,从而减少病原和虫口基数。番茄根系发达,产量较高,需要较多肥料,若肥料不足不仅影响产量和品质,同时植株抗病性也会下降。因此,应重施基肥,增施磷肥,在测土施肥的基础上大力推广平衡施肥技术,实现肥料最大效益目标。选育和种植抗病虫品种,从无病植株上采种。采用育苗移栽方式的,播种前应进行种子处理,培育无病虫壮苗,减轻病虫害发生。摘除病虫叶和病虫果,并进行深埋,采收后及时清除病残体,减少越冬菌源。根据病虫害发生特点,及时调控环境温湿度进行有效预防。药剂防治做到对症下药。

二、番茄主要病害及防治

(一)病毒病

1. 番茄黄化曲叶病毒病

(1)危害症状 植株矮化萎缩,生长迟缓或停滞,节间变短,叶肉变厚,顶部叶片黄化变小。叶片边缘呈鲜黄色或干缩,向下卷曲,叶脉和中脉附近叶色深绿光亮。开花延迟,花朵减少一半以上,坐果减少,果实变小,膨大速度慢,成熟期的果实不能正常转色。果肉发硬,水分少,味道酸,果面转色不均匀,基本失去商品价值。

(2)发病原因　①烟粉虱是番茄黄化曲叶病毒病的主要传毒介体,烟粉虱获毒后可终生传毒。秋季播种过早,晚秋温度高,暖冬,春天气温回升早,有利于烟粉虱的越冬、繁殖及危害传毒。②氮肥施用太多,植株生长过嫩或播种过密,株行间郁闭,有利于烟粉虱传毒。③B型烟粉虱虫口数量增长快且传毒能力强,导致近年来烟粉虱暴发。④多年重茬、肥力不足、耕作粗放、杂草丛生的田块容易发病。

(3)防治措施

①农业防治　选用抗病或耐病优良品种,隔离育苗,培育无病虫壮苗。尽量选择在远离温室大棚或绿色植物的地点育苗,育苗之前,彻底清除苗床及周围病虫杂草,以及残枝落叶。在大棚内育苗,可利用覆盖薄膜高温闷棚方法除掉残余的虫源。苗床用50~60目防虫网覆盖,防止烟粉虱成虫飞入。每10米^{2}苗床悬挂1~2块黄板进行监测和诱杀烟粉虱成虫,如有成虫进入番茄苗床,及时用药进行防治。移栽前7~10天,清理定植大棚内外的残枝落叶和杂草,并喷施40%敌敌畏乳油1 000倍液,或闭棚熏蒸24小时。移栽前3天喷施10%吡虫啉可湿性粉剂2 000倍液。定植后加强肥水管理,增强植株抗病能力,在大棚内每50米^{2}悬挂1~2块黄色黏虫色板进行监测和诱杀烟粉虱成虫。发现植株枝叶有烟粉虱若虫、伪蛹时,可结合整枝及时摘除有虫叶片,并清除有感病症状的植株。发病严重地块要与茄科以外的其他作物实行3年以上的轮作,避免间套作和连作,减少和避免烟粉虱转移危害和传毒,减轻病毒病的发生。

②药剂防治　一是适时用药杀灭传毒害虫。黏虫黄板监测到有烟粉虱发生后,交替喷施高效低毒农药,防止烟粉虱种群大发生,同时保护田间天敌,发挥天敌的自然控害作用。药剂可选用10%吡虫啉可湿性粉剂2 000倍液,或20%啶虫脒可湿性粉剂

3 000倍液,或10%烯啶虫胺水剂3 000倍液,或1.8%阿维菌素乳油1 500倍液,或25%噻虫嗪可湿性粉剂5 000倍液。二是在发病初期(5~6叶期)开始喷药保护,药剂可选用3.85%氮苷·铜·锌水乳剂500倍液,或1.5%烷醇·硫酸铜可湿性粉剂800倍液,或20%吗胍·乙酸铜可湿性粉剂500倍液,或2%宁南霉素水乳剂250倍液,每隔7天喷1次,连续喷2~3次。还可用5%菌毒清水剂400倍液,或高锰酸钾1 000倍液喷施。此外,叶面喷施增产灵50~100毫克/千克、1%过磷酸钙浸出液、0.3%磷酸二氢钾溶液,可提高植株耐病性。

2. 番茄条斑病毒病

(1)危害症状　病株下部叶片症状不明显,上部叶片呈现深绿色与浅绿色相间的花叶症状。植株茎秆上中部表皮初生暗绿色、黑色坏死斑或短条纹,后变为下陷的油渍状坏死条斑,逐渐蔓延扩大,条斑上下连接成片,以致病株逐渐萎黄枯死。果面出现不规则凹陷坏死条斑,切开病果,果肉正常,有时可见维管束褐变。有的病株先从叶片开始发病,叶脉坏死或散布黑褐色油渍状坏死斑,后顺叶柄蔓延至茎秆,扩展呈坏死条斑,发病早的植株不仅节间缩短而且叶片小。

(2)发病原因　是由烟草花叶病毒条斑株系与黄瓜花叶病毒、马铃薯花叶病毒混合侵染所致。此种病毒寄主范围广,主要在土壤中的病残体和茄科的多种寄主上越冬,也可在种子上越冬。移苗时带土少、伤根严重、苗龄长,发病早且严重。病毒在田间主要靠昆虫和摩擦接触传毒,如蚜虫及整枝打杈、摘心等农事操作皆可传毒。温度高、空气干燥、光照强、蚜虫危害重时条斑病毒病发生严重,4~6月份春旱季节发病较重。

(3)防治措施

①农业防治　选用抗病品种,培育无病壮苗。播前先用清水浸种3~4小时,再用10%磷酸三钠溶液浸种30分钟,洗净后催

芽,或用 70℃高温处理种子。定植地要进行 2 年以上轮作,并结合深翻,促使带毒病残体腐烂。有条件的施用石灰,促使土壤中病残体上的烟草花叶病毒钝化。适期播种,培育壮苗,适时早栽,促苗早发,防止人为接触传染。采用设施栽培,覆盖防虫网和遮阳网,可有效预防该病发生。

②生物防治 在番茄 2 片真叶分苗时,将幼苗根部的土洗去,再用弱毒疫苗(N14)100 倍液浸泡 30 分钟,然后分苗移栽。

③药剂防治 发病初期用 20％吗胍·乙酸铜可湿性粉剂 500～700 倍液,或 1.5％烷醇·硫酸铜可湿性粉剂 1 000 倍液喷洒,每隔 7～10 天喷 1 次,连续 2～3 次。

3. 番茄花叶病毒病

(1)危害症状 有 2 种表现:一是花叶。主要是烟草花叶病毒引起的,表现出绿色深浅不匀的斑驳,叶片不变小、不畸形,植株不矮化,对产量影响不大。二是叶片黄绿线化。主要是黄瓜花叶病毒引起,花叶明显凹凸不平,新叶变小、细长、畸形、扭曲,叶脉变紫,植株矮化,花芽分化能力减退,大量落花落蕾,果小质劣呈花脸状,对产量影响很大,病株比健株减产 10％～30％。

(2)发病原因 病毒可在田间杂草、土壤中的病残体及种子表面越冬和存活。田间主要通过各种农事操作和昆虫进行传播蔓延,如分苗、整枝打杈等可进行接触性传播。

(3)防治措施

①农业防治 一是选用抗病品种。目前大多数番茄品种抗烟草花叶病毒,各地应因地制宜选用适于本地栽培的较抗病品种。二是与瓜类或禾本科类作物实行 3 年以上轮作。三是采收完后及时清除病残体,在远离菜地、水源的地方烧毁或挖坑深埋。育苗前,苗床彻底清除枯枝残叶和杂草;定植前深翻土壤,促使病残体腐烂;对病田里用过的工具、架材要进行消毒处理。四是增施钙、磷、钾肥,适时早播和定植。五是整枝打杈和绑蔓时先健株后病

株,接触过病株的手要用肥皂水消毒,防止通过农事操作再次传播。六是番茄行间采取铺草保湿等措施,也有利于减轻病害。

②药剂防治 一是播种前,先用清水浸泡种子3~4小时,再放到10%磷酸三钠溶液中浸种20~30分钟,捞出后用清水冲洗干净后催芽播种。二是在苗期即开始药剂防治,可在5~7月份用3.85%氨苷·铜·锌水乳剂800倍液,或1.5%烷醇·硫酸铜可湿性粉剂600倍液普防2~3次。发病初期用20%吗胍·乙酸铜可湿性粉剂500~600倍液喷雾,每隔10天喷1次,全生长期喷2~4次,或视病情而定。三是及时防治蚜虫,避免蚜虫传播病毒。每667米^{2}用0.5%氨基寡糖素220~250毫升对水50~60升喷雾,提高植株抗病性。

4. 番茄斑萎病毒病

(1)危害症状 苗期染病,幼叶变为铜色并上卷,后形成许多小黑斑,背面沿叶脉呈紫色,有的生长点死掉,或形成褐色坏死斑,病株仅半边生长或完全矮化或落叶呈萎蔫状,发病早的不结果。坐果后染病,果实上出现褪绿环斑,绿果略凸起,轮纹不明显;青果上产生褐色坏死斑,呈瘤状突起。发病初期的病果,可以看到清晰的圆纹,是该病的典型症状。成熟果实染病轮纹明显,红黄或红白相间,褪绿斑在全色期明显,严重的全果僵缩。该病果实脐部症状与脐腐病相似,但表皮变褐坏死有别于脐腐病。

(2)发病原因 番茄斑萎病毒病是通过植物寄主间自然传播,主要是通过刺吸害虫,如蚜虫、飞虱、蓟马等传播。同时,高温、干旱利于发病,田间管理差,农事操作中病、健株相互摩擦,也可引起发病。

(3)防治措施

①农业防治 一是选用抗病品种。目前,尚未培育出抗番茄斑萎病毒病的专用品种,可试用抗烟草花叶病毒(TMV)的品种,如佳粉15号、中杂9号、中蔬6号等新品种。二是采取大中棚育

第六章 番茄病虫害防治技术

苗,培育健壮秧苗。适当早播,使植株在成龄阶段进入高温季节,以减轻病害。播种前用55℃温水浸种15分钟,水温降至35℃左右再浸泡4～6小时,捞出后用纱布包好,放置在25℃～28℃条件下催芽,出芽后播种。也可用清水浸种3～4小时后,再用0.1%高锰酸钾溶液浸种30分钟或10%磷酸三钠溶液浸种20分钟,用清水冲洗后再按常规催芽播种。或用40%磷酸三钠10倍液浸种10分钟,捞出后用清水反复冲洗数次,直到种子表面不光滑,再进行常规浸种和催芽。三是与非茄科作物轮作3年以上。四是适时浇水,中耕培土促根系发育,增强抗病力。五是苗期和定植后注意防治传毒媒介昆虫蓟马、蚜虫和白粉虱,尤其是高温干旱年份要注意及时喷药治蚜。田间作业注意洗手,减少人为传播。

②药剂防治 在5～7月份用5%菌毒清水剂400倍液,或7.5%克毒灵水剂600～800倍液,或0.5%菇类蛋白多糖水剂300倍液,或20%吗胍·乙酸铜可湿性粉剂400～500倍液,或3.85%氮苷·铜·锌水乳剂700倍液喷洒,每隔7～10天喷1次,喷3～5次。

(二)真菌性病害

1. 番茄灰霉病

(1)危害症状 番茄花、果、叶、茎均可发病。果实染病,青果受害重,残留的柱头或花瓣多先被侵染,后向果实或果柄扩展,致使果皮呈灰白色,并生有厚厚的灰色霉层,呈水渍状。叶片发病多从叶尖部开始,沿支脉间呈"V"形向内扩展,初呈水渍状,展开后为黄褐色,边缘有深浅相间的纹状线,病、健组织界限分明。茎染病时开始呈水渍状小点,后扩展为长圆形或条状浅褐色病斑。湿度大时病斑表面生有灰色霉层,严重时致病部以上枯死。

(2)发病原因 灰霉病属低温高湿型病害,发病适温20℃～25℃。灰霉病对湿度要求严格,空气相对湿度达90%以上时易发病,高湿维持时间长,发病严重。温室内持续较高的湿度是造成该病发生和蔓延的主导因素,尤其在连阴多雨时期,气温偏低(低于15℃),通风不及时,棚内湿度大,会使灰霉病突然暴发和蔓延。灰霉病多从枯枝、烂叶、残花等腐败的部位开始侵染,冬季和早春易发病。

(3)防治措施

①农业防治 一是控制棚室温湿度。一般上午温度超过30℃时开始通风,中午继续通风,下午温度维持在20℃~25℃,降至20℃时停止通风,夜间温度保持在15℃~17℃,阴天在保证温度的情况下也要通风换气降低湿度。二是加强栽培管理。定植时施足基肥,避免阴雨天浇水,浇水后注意提高棚温并加强通风排湿。发病后控制浇水,病果、病叶及时摘除并集中处理,拉秧后清除病残体,注意农事操作卫生,防止传染。

②药剂防治 发病前可用50%腐霉利可湿性粉剂1 000~1 500倍液,或50%异菌脲可湿性粉剂1 000~1 500倍液交替喷雾。发病初期可用50%乙烯菌核利水分散粒剂800倍液,或50%嘧霉环胺水分散粒剂1 000倍液,或40%嘧霉胺可湿性粉剂1 000倍液,交替喷雾。发病高峰期可用2种以上药剂混配防治。喷药应在晴好天气的上午叶片干后或下午喷药,严禁中午高温时间用药,以防产生药害。熏烟可在傍晚闭棚前,也可在阴天熏烟。烟剂可选用腐霉·百菌清或菌核净,每667米^{2}大棚用药250克。一般情况下,喷药与熏烟交替进行即可,或喷2次药、熏1次药。发生较重时,则可将喷药与熏烟结合起来进行防治,即白天喷药、晚上熏烟,也可用烟雾机于傍晚或阴天喷药防治。

2. 番茄早疫病

(1)危害症状 番茄全生长期均可发病,侵害叶、茎、果实各个部位,以叶片和茎叶分枝处最易发病。一般多从下部叶片开始发病,逐渐向上扩展。受害叶片最初可见到深褐色小斑点,扩大后呈

第六章　番茄病虫害防治技术

圆形或近圆形,外围有黄色或黄绿色的晕环,病斑灰褐色,有深褐色的同心轮纹,有时多个病斑连在一起,形成较大的不规则病斑。茎叶分枝处发病,病斑椭圆形、稍凹陷,有深褐色的同心轮纹,潮湿时病斑表面生灰黑色霉状物,即病菌的分生孢子梗和分生孢子,植株易从病处折断。苗期生病,幼苗的茎基部生暗褐色病斑,稍凹陷有轮纹。成株期叶片发病初呈水渍状暗绿色病斑,扩大后呈圆形或不规则形的轮纹斑,边缘多具浅绿色或黄色晕环,中部呈同心轮纹,潮湿时病斑上有黑色霉层。茎部病斑多着生在分枝处及叶柄基部,呈褐色至深褐色不规则圆形或椭圆形病斑、凹陷,有时龟裂,严重时造成断枝。青果染病,始于花萼附近,初为椭圆形或不规则形褐色或黑色斑、凹陷,后期果实开裂,病部较硬,密生黑色霉层。

(2)发病原因　此病由茄链格孢属真菌侵染所致,病菌在病残体和种子上越冬。通过气流、灌溉水及农事操作进行传播,从气孔、伤口表皮直接侵入发病。病菌生长适温26℃~28℃,一般在高温高湿条件下发病重,流行速度快。

(3)防治措施

①农业防治　施足充分腐熟的有机肥,灌水追肥要及时。选择抗病品种,轮作换茬,合理密植。

②生态防治　调整好田间温湿度,特别是早春番茄定植初期,闷棚时间不宜过长,防止棚室内湿度过大、温度过高,以减缓病害发生和蔓延。

③药剂防治　发病初期每667米^{2}每次用5%百菌清粉尘剂1千克喷撒,每隔7~10天1次,连续防治3次。也可每667米^{2}每次用45%百菌清烟剂250克,闭棚室暗火点燃熏1夜,隔10天再熏1次。发病初期若连阴雨大,采用粉尘剂和烟剂防治比药剂喷雾防治效果好。喷雾施药,可选用50%乙烯菌核利可湿性粉剂1000倍液,或58%甲霜·锰锌可湿性粉剂500倍液,或64%噁霜·锰锌可湿性粉剂500倍液,或50%异菌脲可湿性粉剂800~

1 000倍液。

3. 番茄晚疫病

(1)危害症状　此病可危害叶片、叶柄、嫩茎和果实。幼苗期受害叶片上出现水渍状暗绿色至褐色不规则形病斑,并向茎部蔓延,在接近叶柄处变成黑褐色,使幼茎腐烂、幼苗倒伏而死,湿度大时,病斑上长出白色霉层。成株期叶片受害多从植株下部叶片的叶尖或叶缘开始发病,初出现水渍状暗绿色不规则形病斑,后病斑扩大并变成褐色,湿度大时,叶背面有白色霉层;干燥时,病部呈青白色,干枯易碎。病茎出现水渍状暗褐色不规则形略有凹陷的病斑,病重时,病斑呈黑褐色腐败状,造成植株萎蔫或从腐败处折断。青果受害果面上出现水渍状灰绿色硬斑,后变为暗褐色或棕褐色云纹状病斑,边缘不明显,湿度大时病斑上生少量白色霉层,一般不软腐。

(2)发病原因　晚疫病病菌对湿度要求高,一般要求空气相对湿度达到75%以上。对温度要求较低,7℃~25℃条件下均可发生,最适温度是18℃~22℃。尤其在阴天多雨,湿度高、温度偏低的时候,发病早且病害重。

(3)防治措施　发病初期可用58%甲霜·锰锌可湿性粉剂600倍液,或72.2%霜霉威水剂800倍液,或64%噁霜·锰锌可湿性粉剂500倍液,或25%甲霜灵可湿性粉剂1 000倍液,或72%霜脲·锰锌可湿性粉剂800倍液,或69%烯酰·锰锌可湿性粉剂1 000倍液,隔7~10天喷1次,连续喷3~4次。叶背、茎秆、青果等处均要喷到,植株中下部是重点喷药区。也可用50%琥铜·甲霜灵可湿性粉剂600倍液,或60%琥铜·乙膦铝可湿性粉剂400倍液灌根,每株每次灌药液300毫升,每隔10天灌1次,连灌3次。注意轮换用药和每种农药的安全间隔期,以减缓病菌抗药性。

4. 番茄绵疫病

(1)危害症状　该病主要危害果实。苗期发病可引起猝倒。

第六章 番茄病虫害防治技术

近地面果实染病出现水渍状黄褐色或褐色大斑块,致使整个果实软腐,病果外表不变色,有的果皮开裂,上密生白色绵霉。该病多发生在高温的雨季,仅个别果实发病,积水处发病重。

(2)发病原因　病菌发病的适宜温度为30℃、空气相对湿度为95%以上。以卵孢子或厚垣孢子随病残体在地上越冬,借雨水溅到近地面的果实上,从果皮侵入而发病。病菌丝产生孢子囊及游动孢子,通过雨水及灌溉水进行传播再侵染。7~8月份高温多雨季节或低洼、土质黏重地块发病重。

(3)防治措施

①农业防治　培育无病壮苗。苗床设在地势较高,排水良好的地方,苗床每年换新土。早春采用温床,或用塑料钵育苗,注意防寒、保温和通风。育苗期一般只喷水不浇水,喷水后浅中耕疏松床土,可降低苗床湿度,提高苗床温度。

②药剂防治　幼苗出土后发现猝倒,立即拔除,并喷药防治。也可在幼苗行间耙松后撒施干草木灰或炕土。雨后喷药,重点喷果实和地面。药剂可选用64%噁霜•锰锌可湿性粉剂500倍液,或25%甲霜灵可湿性粉剂800倍液。

5. 番茄茎基腐病

(1)危害症状　病菌自茎基部直接侵入,危害茎基部,初呈暗褐色不规则病斑,扩大后环绕茎基部一周,皮层变褐腐烂,地上部叶片萎蔫、变黄,后期整株枯死。幼苗定植过深、茎基部渍水或培土过高等,易发病。该病主要危害大苗或定植后番茄的茎基部或地下主侧根,病斑呈暗褐色,绕茎基或根颈扩展,致使皮层腐烂,叶片变黄,植株因养分供应受阻逐渐萎蔫枯死。后期病部表面有黑褐色大小不一的菌核。

(2)发病原因　以菌核在病残体上越冬,腐生性强,可以在土中生存2~3年。越冬大棚番茄定植期过早,苗期地温过高,大水漫灌,根系透气性差,土壤内病菌在适宜的温度和湿度条件下大量滋生繁殖,侵染茎基部维管束,使植株感病。

(3)防治措施

①农业防治 一是培育无病壮苗。选择地势干燥的平坦地块育苗,苗床换新土,或用甲醛、高锰酸钾按2∶1比例混合后对土壤进行消毒,即每120米²用40%甲醛1克、高锰酸钾0.5克对水120毫升喷洒苗床土壤,然后覆膜熏蒸7天,揭膜7天后整地播种。播种前对种子进行消毒处理,定植时注意剔除病苗。二是加强田间管理。幼苗定植不宜过深,培土不宜过高,雨天及时排除地上积水,以减少田间发病率。定植地与非茄科作物实行3年以上轮作,适时带土移栽。

②药剂防治 发病初期喷施20%甲基立枯磷乳油1 200倍液,或80%乙蒜素乳油1 500倍液,或64%噁霜·锰锌可湿性粉剂500倍液。定植后发病,也可在茎基部施用药土,方法是每立方米细土加50%多菌灵可湿性粉剂80克,混合均匀后覆在病株茎基部,并把病部埋住,促使在病斑上方长出不定根,以延长生命,争取产量。还可用80%乙蒜素乳油1 000倍液灌根或涂抹病部,控制病情发展。

6. 番茄黄萎病

(1)危害症状 该病主要在番茄生长中后期危害,发病后叶片由下至上逐渐变黄,黄色斑驳先出现在侧脉间,上部较幼嫩的叶片以叶脉为中心变黄,形成明显的楔形黄斑,逐渐扩大到整个叶片,最后病叶变褐枯死。但叶柄仍较长时间保持绿色。剖开病株茎基部,导管变褐色。

(2)发病原因 病菌发育适温19℃~20℃,降雨多,土壤湿气大,根部伤口多易发病;久旱高温,气温超过28℃病害受抑制。定植过早、栽苗过深、定植时根部伤口愈合慢、植株生长弱均利于病菌从伤口侵入。地势低洼、施用未腐熟的有机肥、灌水不当及连作地发病重。

第六章 番茄病虫害防治技术

(3)防治措施

①农业防治 播种前用0.1%硫酸铜溶液浸种5分钟,洗净后再催芽。

②药剂防治 定植前幼苗喷50%多菌灵可湿性粉剂700倍液。发病初期用50%硫磺·多菌灵悬浮剂或50%多菌灵可湿性粉剂500倍液,或50%琥胶肥酸铜可湿性粉剂350倍液浇根,每株0.5升。也可用12.5%增效多菌灵液剂250倍液,每株浇100毫升。还可用50%多菌灵或50%甲基硫菌灵可湿性粉剂加少量水做成糊状涂抹病部。每隔7~10天防治1次,连续防治2~3次。

7. 番茄叶霉病

(1)危害症状 主要危害叶片,严重时也危害茎、果、花。叶片被害时叶背面出现不规则或椭圆形淡黄色或淡绿色的褪绿斑,初生白色霉层,后变成灰褐色或黑褐色绒状霉层。叶片正面淡黄色,边缘不明显,严重时病叶干枯卷曲而死亡。病株下部叶片先发病,逐渐向上部叶片蔓延,严重时可引起全株叶片卷曲。果实染病,从蒂部向四周扩展,果面形成黑色或不规则形硬化凹陷斑块。

(2)发病原因 病菌通过空气传播,从叶背的气孔侵入。病害发生主要与温湿度有关,9℃~34℃之间病菌均可生长发育,发育最适温是20℃~25℃。在最适温度和空气相对湿度80%以上时,仅需10~15天即可普遍发病。通风不良、光照不足,利于发病。在棚室环境,尤其是秋大棚,湿度大、光照差,发病重,因此应重点防治秋大棚番茄叶霉病。

(3)防治措施

①农业防治 与瓜类或其他蔬菜进行3年以上轮作,降低土壤中菌源基数。栽苗前按每110米^{2}棚室用硫磺粉0.25千克和锯末0.5千克混合,点暗火闭棚熏蒸,进行杀菌处理,通风1天后栽苗。也可每110米^{2}棚室用45%百菌清烟剂0.25千克,熏闷1

昼夜消毒。生长期间选择晴天中午,使棚室温度保持在38℃~40℃闷棚处理2小时左右,然后及时通风降温,对病原有较好的控制作用。

②生态防治 加强棚内温湿度管理,适时通风,适当控制浇水,浇水后及时通风降湿,连阴雨天和发病后控制浇水。合理密植,及时整枝打杈,以利通风透光。实施配方施肥,避免偏施氮肥,适当增施磷、钾肥。

③药剂防治 发病初期及时摘除病叶,并喷洒药液全面防治,要注意叶背面喷药防治。可用2%武夷霉素水剂150倍液,或60%防霉宝超微粉剂600倍液,或50%多菌灵可湿性粉剂500倍液,或70%甲基硫菌灵可湿性粉剂800~1 000倍液,或40%氟硅唑乳油6 000~8 000倍液,或47%甲霜灵可湿性粉剂600~800倍液喷施,每7~8天1次,连喷2~3次。棚室番茄还可在傍晚时喷撒粉尘剂或释放烟剂防治,每次每667米^{2}用5%甲霜灵粉尘剂或5%百菌清粉尘剂1千克喷撒,或用45%百菌清烟剂250~300克熏烟,7~8天防治1次。

8. 番茄灰叶斑病

(1)危害症状 该病主要危害番茄叶片,叶柄、果梗、花、茎也可染病。病害流行时,植株上部和下部叶片同时发病,叶片上出现灰褐色近圆形小病斑,病斑沿叶脉逐渐扩展呈不规则形,后期干枯易穿孔,叶片逐渐枯死。花发病,主要在花萼和花柄上出现2毫米左右的灰褐色病斑,花开之前发病引起落花;挂果后花萼发病不引起落果,但造成果蒂干枯。茎发病多在叶发病重的地方出现2毫米左右灰褐色近圆形凹陷病斑,病斑逐渐干枯。轻病株及时防治后补施肥料,能长出新梢挂果;病重株则枯死。

(2)发病原因 病菌在土壤病残体或种子上越冬,翌年温湿度适宜时产生分生孢子,进行初侵染。孢子通过风雨传播,进行再侵染。温暖潮湿,阴雨天及结露时间长是发病的重要条件。一般土壤肥力不足,植株生长衰弱发病重。

(3)防治措施

①农业防治　选用抗病品种。及时清除病残体,运离大棚集中烧毁。适时通风降湿,增施有机肥和磷、钾肥,增强植株抗性。

②药剂防治　病害发生前使用保护性杀菌剂喷雾,可选用20%噻菌铜悬浮剂500倍液,或57.6%氢氧化铜干粒剂1 000倍液,或75%百菌清可湿性粉剂600倍液,或80%代森锰锌可湿性粉剂600倍液。阴雨天棚室内湿度大时,宜用白菌清烟剂等熏烟防病。发病初期可选用10%苯醚甲环唑水分散粒剂1 500倍液,或25%嘧菌酯悬浮剂1 500倍液,或64%噁霜·锰锌可湿性粉剂400倍液喷雾防治。

9. 番茄菌核病

(1)危害症状　番茄菌核病主要侵害茎部和果实,也危害叶片。叶片染病,多始于叶缘,初呈水渍状淡绿色病斑,高湿时长出少量白霉,蔓延速度快,致叶片枯死。茎部染病,多由叶柄基部侵入,呈水渍状暗绿色至灰白色稍凹陷病斑,在病部产生絮状白霉,白霉后期转变成鼠粪状菌核。病茎表皮纵裂,皮层腐烂,病茎变空,可看到髓部产生黑色菌核,随病害发展植株萎蔫枯死。果实染病,常始于果柄,并向果实表面蔓延,呈暗绿色水渍状软腐,青果似沸水烫状,在病部长出浓密絮状菌丝团,后期转变成黑色菌核。花托上的病斑环状,包围果柄周围。随病情发展,病果腐烂并脱落。

(2)发病原因　菌核在土壤中或混在种子中越冬。北方地区一般在4月份左右萌发,萌发后的菌核形成子囊盘,放射出子囊孢子,借风、雨及种苗传播蔓延。该菌在寄主内分泌果胶酶,造成病组织腐烂,病、健叶摩擦可造成再侵染。子囊孢子萌发适温5℃~10℃,菌丝发育适温20℃,菌核萌发适温15℃,空气相对湿度高于85%,有利于子囊孢子萌发和菌丝生长。因此,该病的发病条件是低温高湿,一般春季和晚秋保护地栽培番茄易发病。

(3) 防治措施

①农业防治　深翻土壤,使菌核不能萌发。清除混杂在种子中的菌核,避免混入苗床。排除积水,通风降湿,采用地膜覆盖栽培。清除病叶、病株和病果,集中深埋或烧毁。发病地块与禾本科作物、水生蔬菜或葱蒜类轮作2~3年。每平方米苗床用50%多菌灵可湿性粉剂10克加干细土10~15千克拌匀后撒施进行消毒处理,培育无病苗。

②药剂防治　发病初期选用65%甲霉灵可湿性粉剂600倍液,或80%多菌灵可湿性粉剂600倍液,或40%菌核净可湿性粉剂1 200倍液,或50%乙烯菌核利可湿性粉剂1 200倍液,或50%腐霉利可湿性粉剂800~1 000倍液,或70%甲基硫菌灵可湿性粉剂600倍液,或20%甲基立枯磷乳油800倍液喷雾,每隔7~10天1次,连用2~3次。棚室栽培选用上述药剂的粉尘剂或烟剂,防治效果更理想。

10. 番茄炭疽病

(1) 危害症状　炭疽病主要危害近成熟的果实,果面任何部位均可侵染,一般以植株中部果实受侵害较多。染病果实先出现湿润状褪色的小斑点,逐渐扩大成近圆形或不规则形的凹陷病斑,渐呈褐色,有时呈同心轮纹状,上生丛毛状小黑粒点,即病原菌分生孢子盘。后期病斑上长出粉红色黏稠状小点,病斑常呈星状开裂,病斑四周有一圈橙黄色的晕环。发生严重时病果在田间腐烂脱落,受侵染后未发病的果实在采收后贮藏、运输和销售期间可陆续腐烂。

(2) 发病原因　以菌丝体在种子或病残体上越冬,翌年春产生分生孢子,借雨水飞溅传播蔓延。孢子萌发出芽管,经伤口或直接侵入,未着色的果实染病后潜伏到果实成熟才显症状。生长后期,病斑上粉红色黏稠物内含大量分生孢子,通过雨水溅射再侵染。高温、高湿发病重,成熟果实受害多。

第六章 番茄病虫害防治技术

（3）防治措施

①农业防治　与非茄果类蔬菜实行3年以上轮作,收获后做好清园工作,销毁病残体。从无病果上采种,种子消毒。采用高畦或起垄栽培,深翻晒土,结合整地施足优质有机基肥。精心管理,及时插杆架果、整枝打杈和绑蔓,勤除草以利田间通风降湿,果实成熟及时采收,提高采收质量,病果带出田外及时销毁。

②药剂防治　发病初期喷洒25%溴菌腈可湿性粉剂500倍液,或80%福·福锌可湿性粉剂800倍液,或75%百菌清可湿性粉剂1000倍液+70%甲基硫菌灵可湿性粉剂1000倍液,或75%百菌清可湿性粉剂1000倍液+50%苯菌灵可湿性粉剂1500倍液,或30%氢氧化铜悬浮剂600倍液+70%甲基硫菌灵可湿性粉剂800倍液,7～10天喷1次,连续喷3～4次。棚室番茄也可每667米^{2}用8%克炭灵粉尘剂1千克喷粉。采收前7天停止用百菌清。

11. 番茄枯萎病

（1）危害症状　发病植株下部叶片开始变黄,随后上部叶片也枯黄,有时仅一侧叶片变黄。切开病株的茎,可见导管变褐色。根腐枯萎是大棚番茄遇低温时发生枯萎病的症状,病株茎导管中的褐变不向上发展,根部腐烂严重。病株茎中空,一般从植株顶部向下枯萎。大棚连作番茄,使病菌积累,低温时番茄根系活力降低,易发病。

（2）发病原因　病菌以菌丝体或厚垣孢子在土壤中或病残体中越冬,种子和未腐熟粪肥也可带菌。病菌可随雨水、灌溉水和施入的带菌粪肥传播,带菌种子可远距离传播。病菌从根部伤口或幼根尖端直接侵入,在维管束内危害。地温25℃～27℃,土壤湿度高,有利于发病,地下根结线虫及其他害虫多时发病重。

（3）防治措施

①农业防治　选用抗（耐）病品种,使用无病种子,种子和营养

土消毒,培育无病壮苗。重病地进行2年以上轮作。施用充分腐熟的粪肥,增施磷、钾肥。保持土壤湿度适宜,雨后及时排水。发现零星病株及时拔除,病株穴填入生石灰消毒。

②药剂防治 用10%混合氨基酸铜水剂200倍液,或12.5%增效多菌灵可湿性粉剂200倍液,或70%敌磺钠可溶性粉剂500倍液灌根,5～7天1次,连灌2～3次。

(三)细菌性病害

1. 番茄溃疡病

(1)危害症状 番茄幼苗期至结果期均可发生,叶、茎、花、果均可染病受害。①幼苗期。多从植株下部叶片的叶缘开始发病,病叶向上纵卷,由下部向上逐渐萎蔫下垂,似缺水状,病叶边缘及叶脉间变黄,叶片变褐枯死。有的幼苗在下胚轴或叶柄处产生溃疡状凹陷条斑,致病株矮化或枯死。②成株期。病菌由茎部侵入,从韧皮部向髓部扩展。初期,下部凋萎或纵卷缩,似缺水状,一侧或部分小叶凋萎,茎内部变褐色。病斑向上、下扩展,长度可达一至数节,后期茎中产生长短不一的空腔,最后下陷或开裂,茎略变粗,生出许多不定根。在多雨水或湿度大时,从病茎或叶柄病部溢出菌脓,菌脓附在病部上面,形成白色污状物,后茎内变褐色而中空,全株枯死,枯死株上部的顶叶呈青枯状。果柄受害多由茎部病菌扩展而致其韧皮部及髓部呈现褐色腐烂,可一直延伸到果内,致幼果滞育、皱缩、畸形,种子发育不正常和带菌。有时从萼片表面局部侵染,产生坏死斑,病斑扩展到果面,潮湿时病果表面产生圆形"鸟眼斑",周围白色略隆起,中央为褐色木栓化突起,单个病斑直径3毫米左右。有时许多鸟眼斑连在一起形成不规则形的病区。

(2)发病原因 病原可在种子内外及病残体上越冬,在病残体上存活达3年左右。病菌容易从伤口侵入,直到种子内部,带病种

第六章 番茄病虫害防治技术

子也能污染健壮的种子。远距离传播主要靠带菌种子,借助于农事操作、雨水、灌水或施用带有病残体的未腐熟的有机肥传播。夏季雨水多,温室湿度大,此病极易发生,是防治的重点。

(3) 防治措施

①农业防治　在种子、种苗、果实调运时,要严格检疫,严格划分疫区。尤其是从疫区往外调运的种子、种苗和果实,必须经过检疫,一旦发现带菌种子、病苗和病果进入无病区,须立即采取安全措施,防止病原扩散。建立无病留种地和对种子进行严格消毒灭菌,从无病地健株上采种,必要时进行种子消毒。使用新苗床或采用营养钵基质育苗,对旧苗床在使用前必须消毒。与非茄科作物实行3年以上轮作,同时加强田间管理,一旦发现番茄溃疡病病株,要立即清除病株及病残体,并将其划定为小疫区。注意及时除草,避免带露水操作。雨水后及时排水,及时清除病株并烧毁。整枝打杈应在晴天上午无露水时进行,防止病菌侵入。

②药剂防治　用72%硫酸链霉素可溶性粉剂1克加水15升配成药液,定植时,每个定植穴浇药液0.5千克,秧苗坐药水定植。发现病株及时拔除,清除病残体,并对全田喷雾防治。药剂主要是铜制剂及链霉素类,施药时注意药剂的轮换使用,以防病菌产生抗性而影响防效。施药量为每667米^{2}喷药液50~60千克,隔7~10天喷1次,连喷2~3次。药剂可选用:20%噻菌铜可湿性粉剂500倍液,或14%络氨铜水剂300倍液,或23%络氨铜水剂500倍液,或50%琥胶肥酸铜可湿性粉剂500倍液,或47%春雷·王铜可湿性粉剂500倍液,或1∶1∶200波尔多液,或72%硫酸链霉素可溶性粉剂3 000~4 000倍液。

2. 番茄青枯病

(1) 危害症状　植株感病后萎蔫,但早晚或阴天温度低时可恢复正常,数天后植株即青枯而死。叶片青绿色,茎秆粗糙,解剖茎秆可从维管束中挤出菌脓。此病菌喜欢高温高湿,易在酸性土壤中生长繁殖,因此番茄生长前期和中期,降雨偏多,田间排水不良,温度较高时极易发生流行,可造成大面积减产。

(2)发病原因　番茄青枯病是由青枯假单胞菌侵染维管束所致的一种细菌性病害,病菌在土壤中的病残体上越冬或直接在土壤里进行腐生生活,一般可存活 14 个月左右,随雨水、灌水、农具和农事操作传播。病菌由根系或茎基部伤口侵入植物体内,在维管束内繁殖,并顺导管液流上升扩散,破坏或阻塞导管,引起番茄缺水,发生萎蔫。高温高湿易诱发青枯病发生。此外,幼苗弱、多年连作、中耕伤根、低洼积水或控水过重、干湿不均,均可加重病害发生。

(3)防治措施

①农业防治　选用抗病品种,采用嫁接育苗。对发病较重的田块可与葱、蒜及十字花科蔬菜实行 4～5 年轮作,或采用嫁接技术。配方施肥,施足基肥,勤施追肥,增施有机肥及微肥,不施用番茄、辣椒等茄科植物沤制的肥料。调节土壤酸碱度,对酸性土壤每 667 米^2 用生石灰 100～150 千克均匀撒入土壤,可较好抑制细菌的生长繁殖。采用高畦种植,开好排水沟,雨后能及时排水。及时中耕除草,降低田间湿度。及时拔除病株,将其深埋或烧毁,病穴用生石灰或草木灰消毒。

②药剂防治　在青枯病发病初期,选晴天用 72% 硫酸链霉素可溶性粉剂 3 000 倍液,或新植霉素可湿性粉剂 4 000 倍液,或 77% 氢氧化铜可湿性粉剂 600 倍液灌根,每隔 5～10 天灌根 1 次,共灌根 3～5 次。苗期每次每株灌药液 0.5 千克,成株期每次每株灌药液 1 千克,防治效果较好。

3. 番茄疮痂病

(1)危害症状　该病主要危害番茄叶片及果实。近地面老叶先发病,逐渐向上部叶片发展。发病初期在叶背面形成水渍状暗绿色小斑,逐渐扩展成圆形或连接成不规则形黄色病斑。病斑表

第六章 番茄病虫害防治技术

面粗糙不平,周围有黄色晕圈,后期叶片干枯质脆。茎部感病先在茎沟处出现褪色水渍状小斑点,扩展后形成长椭圆形黑褐色病斑,裂开后呈疮痂状。主要危害着色前的幼果和青果,果面先出现褪色斑点,后扩大呈现黄褐色或黑褐色近圆形粗糙枯死斑,边缘带有黄绿色晕圈,有的病斑可互相连接成不规则形大病斑。长期高温、高湿时,短期内田间植株叶片呈焦枯状。

(2)发病原因　病菌主要在病残体或在种子表面越冬,病菌从伤口及气孔侵入,在细胞间繁殖,细胞被分解,致病部凹陷。高温、高湿天气是发病的主要条件,该病菌的适宜发育温度为27℃～30℃,因此秋延后或早春保护地番茄易发病,管理粗放、生长势弱的植株发病重,与茄果类蔬菜如辣椒、茄子等轮作的地块发病重。

(3)防治措施

①农业防治　加强栽培管理,适时整枝打杈,及时清除病残体,雨季加强排水,降低田间湿度,保持田间通风透光。

②药剂防治　建立无病种子田,确保种子不带菌是杜绝病害传播的根本措施。用1%次氯酸钠溶液＋芸薹素内酯500倍液浸种20～30分钟,再用清水冲洗干净后催芽播种。发病初期用77%氢氧化铜可湿性粉剂600倍液,或90%新植霉素可湿性粉剂4000倍液,或50%琥胶肥酸铜可湿性粉剂500倍液喷雾,每隔7～10天喷1次,连喷3次。

4. 番茄软腐病

(1)危害症状　番茄软腐病主要危害茎和果实。茎部染病多始于整枝打杈造成的伤口,严重时髓部腐烂,失水后病组织干缩中空,病部维管束完整无损,病茎上端枝叶萎蔫,叶色变黄。果实染病,果皮虽保持完整,但内部果肉腐烂、恶臭是本病特征之一。

(2)发病原因　病菌借雨水、灌溉水及昆虫传播,由伤口侵入。发病最适温度25℃～30℃,空气相对湿度95%以上,雨水、露水对病菌传播和侵入具有重要作用。伤口多时(如棉铃虫危害)发病重。

(3)防治措施

①农业防治 早整枝、打杈,避免阴雨天或露水未干之前整枝。及时防治蛀果害虫,减少虫伤。

②药剂防治 发病后叶面喷洒25%络氨铜水剂500倍液,或72%硫酸链霉素可溶性粉剂4000倍液,或77%氢氧化铜可湿性粉剂500倍液,5~7天1次,连喷2~3次。

(四)生理性病害

1. 番茄脐腐病

(1)危害症状 青果易发病,病斑在果实顶端的脐部,即花器残余部位及其附近,故称脐腐病。病部初期呈水渍状暗绿色,发病部位的果肉组织崩溃收缩呈显著的扁平状。受害果实的健康部位提前变红。病部在潮湿条件下,往往被腐生菌侵染,在病斑上产生墨绿色、黑色或粉红色的霉状物。

(2)发病原因 气候干旱,灌水不及时或不当,结果期土壤湿度忽高忽低。施肥不当,偏施氮肥缺少磷、钾肥,未及时根外追施钙肥等,使植株不能正常生长导致发病。另外,根系发育不良或中耕时大量伤根,也会导致发病。表土层浅或地面板结蒸发量大,沙质土壤或黏重土壤保水能力差,使土壤水分变动明显,或土壤透气性差,发病重。另外,盐碱地发病较重,果皮较薄、果顶较平、花痕较大的品种易染病,土壤缺钙易发病。脐腐病发生后未能及时防治,或误认为细菌性病害而乱用杀菌剂,致使发病严重。据调查,采取预防措施的,田间发病率仅为3%~5%。

(3)防治措施 ①加强管理,保证植株水分的均匀供应,特别在初夏温度急剧上升时,须注意掌握水分的供应,田间浇水宜在早晨或傍晚进行。②选择保肥水力强、土层深厚的沙壤土种植番茄。土壤过黏或含沙过多,应结合深耕多施有机肥料,改良土壤性状,

第六章 番茄病虫害防治技术

增强保肥水能力。③合理施肥,避免使用未腐熟的有机肥料,施肥浓度不能过高,以免烧伤根系。注意氮、磷、钾肥的合理配施,勿过多偏施氮肥,增施钙肥,每667米^{2}可施过磷酸钙50千克。④在番茄开始坐果后的30天内,适当增施钙素肥料,可用1%过磷酸钙溶液、0.1%氯化钙溶液、0.1%硝酸钙溶液进行根外追肥,从初花期开始喷,每隔15天喷1次,能收到良好的防病效果;若发现缺钙,可从幼果期开始每3~5天喷洒幼果和嫩梢1次,连续喷2~3次。

2. 番茄畸形果

(1)危害症状　畸形果一般在春季第一穗果中发生较为严重。病果呈椭圆、扁圆、菊花、尖鼻、横裂和顶裂等形状,心室数比正常果较多。

(2)发病原因　①在植株花芽分化和发育期遇到持续低温。当秧苗在1~3个花序分化时遇到低温,一般平均温度在8℃以下,累计10~12天时,极有可能形成畸形花;在此条件下,如果再加上潮湿、光照不足、氮肥过多,则形成畸形花的可能性更大。②植物生长调节剂使用浓度过高或重复处理或处理时气温过高过低或处理时间不当(特别是指处理时花朵所处的发育程度),极易产生畸形果。③肥水管理不善。在花芽分化期,如果植株养分积蓄过多,易使花畸形,并导致果畸形。幼苗8片真叶时,茎粗达到6.9~7.2毫米的植株,易结畸形果,畸形果率为17%~30%;8片真叶时,茎粗只有4.8~5.2毫米,畸形果仅为3%~5%。

(3)防治措施　①选用不易发生畸形果的番茄品种是预防番茄畸形的主要措施之一,一般中小果型品种畸形果的发生率较大果型品种低。②适时播种,提高育苗环境温度,避免低温引起畸形花。③加强肥水管理。包括营养土的配制、育苗期间的追肥和水分补充等均应严格把关,避免氮肥过多、苗床过湿。④合理使用植物生长调节剂,掌握处理时花朵的发育程度,避免处理过小的花蕾；一定要在1个花序中有50%花开放时进行喷（蘸）花处理，喷花时间以上午8～10时和下午3～4时为宜，根据气温灵活掌握用药浓度，气温高时浓度要低，气温低时浓度要高。

3. 番茄裂果

（1）危害症状　主要表现有以下3种：①放射状裂果。一般从果实绿熟期开始到转色前2～3天裂痕明显，裂果以果蒂为中心向果肩部延伸，呈放射状深裂。②环状裂果。多在果实成熟期出现，以果蒂为圆心，呈同心圆状浅裂。③混合型裂果。既有放射状裂果，也有环状裂果。

（2）发病原因　①在果实发育后期或转色期一次浇水过多，果实吸水量猛增，果皮的生长与果肉组织的生长膨大速度不相适应，膨压增大产生裂果现象。②果实生长期间，土壤水分供应不均匀，是产生裂果的主要原因。但品种不同，对裂果的抗性也有差异，一般长形果果蒂小、棱沟浅的小果型品种和叶片大、果皮内木栓层薄的品种抗裂性较强。③低温条件下，尤其是冬季温棚番茄，花器授粉不良呈畸形花柱开裂。④高温或低温均影响番茄对钙、硼元素的吸收，是裂果的主要病因。钙吸收后与番茄植株体内的草酸结合形成草酸钙。若钙吸收少，则草酸多会损害心叶和花芽，导致裂果。

（3）防治措施　果皮老化裂果是由日光直射和空气干燥引起的。番茄叶片对果实有遮阴保护的作用，但如果阳光很强，可用报纸做成纸筒套在花序上。在果实的上方如能有大的叶片把果实遮住，防病效果较好。在番茄摘心栽培中，对一些上部果实和叶片较小的品种要注意多留叶片。充分供应钙、钾肥，避免因土壤中钙和硼含量少引起果皮的老化。注意土壤深耕并施适量基肥，使根能充分地生长，很好地吸收养分和水分。另外，要注意经济灌水，避免干旱后下雨造成土壤中水分的急剧增加。叶面喷洒96%硫酸铜1 000倍液，或0.1%硫酸锌溶液，或0.7%氯化钙+0.1%硼砂混合液,10~15天1次,连喷2~3次,有良好的防效。

4. 番茄空洞果

(1)危害症状 主要表现是果实皮薄而不匀,果皮与果心分离严重,果内空腔,浆汁和水分少,质量轻,品质差。

(2)发病原因 ①受精不良。在番茄开花时期,如果遇到高温或光照不足等不良条件,会使花粉不饱满,从而导致不能正常受精。②氮素肥料施用过多。③植物生长调节剂使用不当。④夜温高于20℃,番茄呼吸作用旺盛,导致果实养分供应不足而形成空洞果。

(3)防治措施 ①加强番茄根系的管理和保护。②在同一花序中,从第一朵花至第五、第六朵花的开花时间如不集中,就会引起果实间对同化养分的争夺,迟开的花会形成空洞果。因此,在同一花序上,要把同时开放的3~4朵花一起用植物生长调节剂处理。③加强肥水管理,特别是番茄中后期的肥水管理,以防中后期产生脱肥现象。生产中应从结果初期开始每隔10~15天追1次肥,或每穗果膨大期均追1次肥,每次每667米^{2}追施磷酸二铵10~15千克、硫酸钾5~10千克、多元微肥1~2千克,也可浇施腐熟的大粪稀500~1 000千克。④如果土壤中氮肥多,水分多,夜间温度高,开花日期容易不齐,在这种情况下,应适当摘心。⑤根据不同的环境条件,为了增大叶面积,可摘掉一部分果实来增加叶片数,以使同化养分增加,防止出现空洞果。⑥加强管理,使番茄植株生长健壮,尽量不使用植物生长调节剂处理番茄,使番茄能正常成熟。如果使用植物生长调节剂处理番茄时,一定要按技术说明书使用,不要盲目扩大使用倍数。⑦调控温度,避免夜温过高。

5. 番茄豆果

(1)危害症状 番茄坐住果实后,基本不发育,小的如豆粒,大的如拇指,形成僵化无籽的老小果。

(2)发病原因 ①定植缓苗后,第一次肥水施用得过早,营养生长过旺;或是第一次肥水施用得过晚,营养生长过弱,第二、第三穗果实发育时由于植株营养不足而形成了小果或豆果。②种植密度过大,肥力不足。越冬栽培每667米²超过3 000株,由于冬季光照弱,光合积累少容易形成小果。越冬栽培原则上每667米²不超过2 500株。③第四、第五穗果实偏小的,大多是由于1～3层果实发育集中,导致4～5层果实发育营养不足形成的。④畸形花点花时,为防止幼果顶裂,点花浓度过低,或点花过晚,容易形成僵果或小果。⑤果实发育期光照过弱,温度较低,或夏季高温授粉不良,容易形成僵果或小果。

(3)防治措施 ①进行人工辅助授粉。②用30～40毫克/千克番茄灵蘸花。据观察,越冬温室栽培番茄果实生长后期,特别是长期阴雪天气,光照弱,夜温高,白天叶片制造的养分少,而夜间消耗又大,易形成僵果。遇到这种情况,可在夜间补充光照,并将夜温降至7℃～10℃,维持最低生长温度,减少消耗,可减少僵果。

6. 番茄日灼

(1)危害症状 田间日灼病多发生于果实,形成日灼果,一般从果实膨大期至成熟期均可出现日灼。果实的向阳面出现大块褪绿变白的病斑,与周围健全组织界限比较明显,病斑部分后期变干、革质状、变薄、组织坏死。叶片出现日灼,初期叶片一部分褪绿,以后变成漂白状,最后变黄枯死。

(2)发病原因 果实受阳光直射部分温度过高而被灼伤。早晨果实上有露水珠,如太阳光正好直射到露水珠上,露水珠起聚光作用而吸热,也能灼伤果实。番茄定植过稀或整枝、摘心过重、摘叶过多,果实暴露在枝叶外面,因阳光直接照射而被灼伤。天气干旱、土壤缺水或雨后暴晴,均易加重病情,产生大量日灼果。

(3)防治措施 ①注意合理密植,适时、适度整枝打杈,使茎叶相互遮阴,果实不受阳光直射。②注意作物行向,一般南北行向日

第六章 番茄病虫害防治技术

灼病发生较轻。③温室、大棚温度过高时,及时通风促使叶面果面温度下降,或及时灌水,降低植株体温。阳光过强时,可隔畦覆盖草苫或覆盖遮阳网。喷施95%腐殖酸钾1500倍液,或0.1%硫酸锌或硫酸铜溶液,可增加番茄抗日灼能力。④在结果期吊秧绑秧时将果穗配置在叶阴处。适当增施钾肥可增强抗性。⑤加强叶片病害的防治,以叶护果。

7. 番茄茎裂

(1)危害症状 多发生在番茄第二或第三花序附近,其上方主茎节间缩短,呈纵向缢缩,形成槽沟现象,严重时茎变成扁平状、褐色槽沟开裂。将患处折断,可看到茎髓部组织坏死、褐变,生长点呈丛生灌木状或秃顶,顶端萎缩,停止生长,其上方花序不能正常开花结果。一般徒长苗发病轻,粗壮苗发病重。

(2)发病原因 因植株徒长出现缺硼而致。硼素是细胞正常分裂及伸长所必需的微量元素,它可以促进花粉粒的发芽和花粉管的伸长,有助于受精、结实和结籽。缺硼会引起生长点附近细胞分裂组织的坏死和细胞内部的崩溃,导致裂茎。

(3)防治措施 选用裂茎程度低的品种,增施磷、钾、钙肥,多施腐熟有机肥。每667米^{2}施硼砂0.5~1千克,与有机肥充分混合后施入播种沟或定植沟内。生长前期遮阴防高温干旱,并每隔7天喷1次叶面肥。开花期叶面施硼砂3 000倍液,每隔5~7天喷1次,连喷3次。

8. 番茄芽枯

(1)危害症状 番茄植株在短时间高温强光照条件下,出现的暂时顶端停止生长或生长点枯死。一般弱苗发病较轻,粗壮苗发病较重。

(2)发病原因 中午通风不良,造成棚内35℃~40℃的高温。氮肥施用过多,茎秆幼嫩粗壮,遇高温强光照易发生芽枯。在多肥条件下,高温干燥会影响植株对硼肥的吸收,植株缺硼易发生芽枯。越夏番茄遇高温强光照易发生芽枯。

(3)防治措施　培育壮苗,控制浇水量,促根深扎。平衡施肥,适当遮阴,防止植株旺长、徒长。每667米² 随水追施硼砂1千克(用热水化开),或苗期和结果期叶面追施钙硼宝微肥500倍液,可增强抗性。

9. 番茄筋腐果

(1)危害症状　番茄筋腐果是果实膨大期的生理病害,发病症状可分为褐变型和白化型两种类型。前者果实内维管束及周围组织褐变。后者果皮或果壁硬化、发白。番茄筋腐果病变处外皮发青或发白不能转红,俗称"青皮果"。

(2)发病原因　白化型果实是由于成熟期昼夜温差大所致,也有人认为是烟草花叶病毒导致发病。乙烯利催熟也可导致。多发生在高温高湿季节。褐变型果实是由于光照不足,气温低连续阴天,光合作用不利,容易发病。同时,地温低,土壤湿度过大或过小,通风不良,农家肥施用较少,氮肥尤其氨态氮施用过多,土壤中缺硼、钾等营养素,植株养分供应不平衡,影响光合作用及光合产物的积累,易发病。因此,光照不足、积温不足是筋腐病发生的重要原因,重茬、通风不良、温度过高、昼夜温差小,也会引起筋腐病。

(3)防治措施　选择无限生长型、抗逆性强的厚皮抗病品种。注意轮作换茬,发病重的大棚实行轮作换茬尤为必要,以利于缓和土壤养分的失衡状态。保护地番茄栽培,避免光照不足、多肥、土壤供氧不足等现象,注意改善光照条件,提高覆盖材料的透光率。幼苗定植不要过密和生长不要过于繁茂,冬春茬栽培苗龄不小于60天。合理施肥,避免偏施氮肥,尤其注意不要过量施用铵态氮肥。增施钾肥,多施用腐熟有机肥,改善土壤物理性状,增强土壤保水、排水能力和通透性。适当浇水,一次浇水不要过多,雨后注意排水,保持土壤适宜湿度。坐果后每15~20天喷1次磷酸二氢钾溶液,连喷2~3次。增施二氧化碳气肥,最大限度提高光合作用。

10. 番茄生理性萎蔫

(1)发病原因　由于根系周围盐碱化程度高,导致作物根系缩水,水分从植株体内倒流,茎中空萎蔫。多发生在无土栽培、盐碱地或长期不合理施肥的老菜地。

(2)防治措施　改良土壤,提前大水灌地洗盐,增施农家肥,更换新菜地,加强温度管理,注意天气变化。

11. 番茄生理性卷叶

(1)发病原因　土壤干旱,根系发育差,根受伤,根系吸水能力减弱。定植前期蹲苗和冬季长时间蒸发量过大,植株失水较多,为减少自身叶片蒸发量,中下部叶片卷曲;大量施入氮肥,土壤中缺少镁、钙、铁、锰等微量元素,也会发生卷叶;打顶过早、过重,下部叶片大量卷叶,这是因为根系吸收的磷酸是经过下部叶片向上部新生叶片输送的,如果打顶过早、过重,磷酸就积累在下部叶片中,致使其老化卷曲。

(2)防治措施　定植后及时中耕松土,提高地温和土壤透气性,促进根系的发育。不要过分蹲苗,适时适量浇水,防止土壤过湿;增施有机肥,合理使用化肥,避免氮肥使用过量;无限生长型番茄品种温室栽培,应该采取落秧的方法,不建议换头整枝,后期植株长势弱时可打顶,促进果实早熟;加强管理,温度不要过高,通风要逐步加大,通风口不要突然开大;卷叶严重时适量浇水。

三、番茄虫害及防治

(一)番茄虫害综合防治措施

贯彻预防为主,综合防治的植保工作方针,以农业防治和物理防治为基础,以生物防治为核心,按照病虫害发生规律,科学使用化学防治技术,有效控制病虫危害。①农业防治。选用抗病虫品种,加强栽培管理,通过多施有机肥、配方施肥、深翻改土等措施,提高番茄抗病虫害的能力。彻底清除病残叶,摘除病虫叶果,清扫枯枝落叶,铲除病虫越冬场所。②物理防治。利用黑光灯、糖醋液、性诱剂、高压捕虫器等诱杀成虫。③生物防治。人工释放赤眼蜂,保护和利用瓢虫、草蛉、捕食螨等天敌,土施白僵菌等消灭害虫。④化学防治。根据防治对象的生物特性和危害特点,提倡使用生物源农药、矿物源农药和低毒有机合成农药。有限度地使用中毒农药,禁止使用剧毒、高毒、高残留农药。

(二)番茄主要虫害及防治

1. 根结线虫

(1)危害特点　患有根结线虫病的番茄植株生长缓慢、黄弱,有时中部叶片萎蔫,严重时下部叶片黄枯而死。挖出病株根部,可见主根朽弱,侧根和须根上形成许多根结,俗称"瘤子"。根结大小、形状不一,始为白色,质地柔软,后变淡灰褐色,表面有时龟裂。剖开病根可见维管束组织内有鸭梨形极小的乳白色雌线虫。病原线虫以二龄幼虫和卵块中的卵随病原体在土壤中越冬,在田间主要靠病土、病苗、灌溉水传播。病原线虫多分布在20厘米深的土层中,以二龄幼虫由根冠等处侵入危害,其分泌物刺激侵染点附近的部位使之增生膨大形成根结。

(2)防治措施

①农业防治　清洁田园,收集带有根结线虫的病原体,集中深埋或烧毁。重病地可与耐线虫的韭菜、葱等进行2～3年轮作。水旱轮作效果更好。施用充分腐熟的有机肥,增施微生物菌肥,一般每667米^{2}集中使用(沟施或穴施)厚垣孢轮枝菌、拟毒霉等微生物菌剂30～40千克,可减少根结线虫的危害。

第六章 番茄病虫害防治技术

②药剂防治 每667米^{2}用阿维菌素有机肥320～480千克作基肥,盛果期再冲施2～3次,每次每667米^{2}冲施阿维菌素有机肥40～80千克,对防治根结线虫效果十分明显。必要时用1.8%阿维菌素乳油1 500～3 000倍液灌根。

2. 番茄斑潜蝇

(1)危害特点 幼虫孵化后潜食叶肉,呈曲折蜿蜒的食痕。幼苗2～7叶期受害多,严重的潜痕密布,致叶片发黄、枯焦或脱落。

(2)防治措施

①农业防治 在冬季1月份育苗之前,将棚室敞开暴露在低温环境中7～10天,自然冷冻,消灭越冬虫源。在夏季高温换茬休闲期,将棚室密闭7～10天,使温度达60℃～70℃,可杀死大量病虫源。在秋季和春季保护地的通风口处设置防虫网,防止露地和棚内的虫源交换。在保护地内架设黄板诱杀成虫,黄板应悬挂在作物生长点上方20厘米处,并保持黄板的黏着性,可收到很好的效果。

②药剂防治 保护地番茄每667米^{2}用10%敌敌畏烟剂250克熏杀成虫,见效快,一般连续熏杀2～3次。叶面喷雾杀幼虫,可选用25%除虫脲可湿性粉剂3 000倍液,或25%灭幼脲悬浮剂2 500倍液,或6%烟百素(有效成分为烟碱+百部碱+楝素)500倍液,或1.8%阿维菌素乳油3 000～5 000倍液。

3. 棉铃虫

(1)危害特点 棉铃虫是茄果类蔬菜的主要害虫。以幼虫蛀食花蕾和果实,也危害嫩茎、叶和芽。花蕾受害时,苞叶张开,变成黄绿色,2～3天后脱落。幼果常被吃空,成果虽然只被蛀食部分果肉,但因蛀孔在蒂部,会导致果实腐烂脱落。每个棉铃虫一生可危害7～8个果实,在严重年份,蛀果率在30%～50%,造成严重减产。

(2)防治措施

①农业防治 冬前翻耕土地,浇水淹地,减少越冬虫源。根据虫情测报,在棉铃虫产卵盛期,结合整枝,摘除虫卵烧毁。三龄后幼虫蛀入果内,喷药无效。

②生物防治 成虫产卵高峰后3~4天,喷洒苏云金杆菌1 000倍液使幼虫感病死亡,连续喷2次,防效良好。

③物理防治 用黑光灯、棉铃虫诱捕器、杨柳枝诱杀成虫。

④药剂防治 当百株卵量达20~30粒时即应开始用药,如百株幼虫超过5头,应继续用药。一般在番茄第一穗果长至鸡蛋大时开始用药,每周1次,连续防治3~4次。药剂可用2.5%氯氟氰菊酯乳油5 000倍液,或4.5%高效氯氰菊酯乳油3 000~3 500倍液,或50%辛硫磷乳油1 000倍液,或2.5%溴氰菊酯乳油2 000倍液喷雾。

4. 烟粉虱

(1)危害特点 烟粉虱危害初期叶片出现白色小点,后叶片变黄枯死。烟粉虱繁殖快,种群大,可传播番茄黄化曲叶病毒病和番茄褪绿病毒病。烟粉虱不耐寒,在黄淮及以北地区不能露地越冬。

(2)防治措施

①农业防治 合理安排作物茬口和播种期,避免番茄、黄瓜、豆类混栽。尽量与葱蒜类蔬菜以及芹菜、茼蒿等进行换茬,以减轻烟粉虱发生。番茄育苗时要尽量避开烟粉虱的高发期,育苗地要远离烟粉虱发生区域,或在育苗前彻底清除田间杂草和残留植株,杀灭残留虫源。也可采用防虫网隔离育苗,培育"无虫苗"。烟粉虱成虫对黄色具有较强的正趋性,可在烟粉虱成虫盛发期,在田间设置黄板进行诱杀。可用1米×0.2米纤维板或硬纸板,涂成橙黄色,再涂一层黏油(可使用10号机油加少许黄油调匀),每667 $米^2$ 设置32~34块,置于行间,与植株高度一致,黄板需7~10天重涂1次。

第六章 番茄病虫害防治技术

②药剂防治 烟粉虱世代重叠严重,繁殖速度快,需在烟粉虱发生早期喷药。可选用20%啶虫脒乳油2 000倍液,或1%甲维盐乳油1 000倍液,或80%氟虫腈水分散粒剂15 000倍液等对烟粉虱成虫有较好的杀灭效果;25%噻虫嗪水分散粒剂1 000~1 500倍液对烟粉虱若虫防效较理想;10%吡丙醚乳油400~600倍液对烟粉虱卵有明显的杀灭效果。防治药剂必须交替使用,避免产生抗药性。

5. 蚜 虫

(1)危害特点 危害茄果类蔬菜的蚜虫主要是瓜蚜。成虫和若虫在瓜叶背面和嫩梢、嫩茎上吸食汁液。嫩叶及生长点被害后,叶片卷缩,生长停滞,甚至全株萎蔫死亡;老叶受害时不卷缩,但提前干枯。

(2)防治措施

①农业防治 木槿、桃树及菜田附近的枯草等都是蚜虫的主要越冬寄主。因此,在冬前、冬季及春季要彻底清洁田间,清除菜田附近杂草,或在早春对木槿、桃树等寄主喷药;并注意同时用药,避免有翅蚜在各地块间迁飞,降低用药效果。合理安排蔬菜茬口可减少蚜虫危害,如韭菜挥发的气味对蚜虫有驱避作用,与番茄、茄子等蔬菜搭配种植,能降低蚜虫的密度,减轻蚜虫危害。也可在菜田周围种植架菜豆、高粱等高秆作物,截留蚜虫,减少迁飞到菜田内的蚜虫数量。

②物理防治 一是利用银灰色对蚜虫的驱避作用,用银灰色地膜覆盖地面防止蚜虫迁飞到菜地内。在番茄定植搭架后,在植株上方拉2条10厘米宽的银灰膜(与菜畦平行),并随植株的生长,逐渐向上移动银灰膜条。也可在棚室周围的棚架上与地面平行拉1~2条银灰膜,用银灰色薄膜或银灰色遮阳网覆盖菜田,均可起到避蚜作用。二是黄板诱蚜。有翅成蚜对黄色、橙黄色有较强的趋性。用30厘米×50厘米的硬纸板或纤维板,先涂一层黄

广告色(又名水粉),晾干后,再涂一层黏性黄色机油(机油内加入少许黄油)或10号机油;也可直接购买黄色吹塑纸,裁成适宜大小后涂抹机油。把黄板插在田间,或悬挂在番茄行间,高于植株0.2米左右,可黏杀蚜虫,还可测报蚜虫发生趋势。

③利用天敌 蚜虫的天敌有七星瓢虫、异色瓢虫、龟纹瓢虫、草蛉、食蚜蝇、食虫蝽、蚜茧蜂及蚜霉菌等,保护天敌,以天敌控制蚜虫数量,把蚜虫的种群控制在不足危害的数量之内。也可人工饲养或捕捉天敌,在菜田内释放,控制蚜虫。

④化学防治 一是喷施农药。可喷洒20%氰戊菊酯乳油2 000倍液,或2.5%溴氰菊酯乳油2 000~3 000倍液,或2.5%氯氟氰菊酯乳油3 000~4 000倍液,或50%抗蚜威可湿性粉剂2 000~3 000倍液,或40%氰戊·马拉松乳油2 000~3 000倍液,或5%顺式氯氰菊酯乳油1 500倍液,或10%吡虫啉可湿性粉剂4 000~5 000倍液。二是燃放烟剂。适合在保护地内防蚜,每667米^{2}用22%敌敌畏烟雾剂0.3千克,或10%氰戊菊酯烟剂0.5千克。把烟剂均分成4~5堆,摆放在田埂上,傍晚覆盖草苫后用暗火点燃,密闭棚室,翌日早晨通风。三是喷粉尘剂。适合在保护地内防蚜,傍晚密闭棚室,每667米^{2}用3%灭蚜粉尘剂1千克,用手摇喷粉器喷施。四是洗衣粉灭蚜。洗衣粉的主要成分是十二烷基苯磺酸钠,对蚜虫等有较强的触杀作用。因此,可用洗衣粉400~500倍液喷雾,每667米^{2}用洗衣粉液60~80克,喷2~3次,可收到较好的防治效果。

6. 地老虎

(1)危害特点 地老虎幼虫共6龄,三龄前在地面、杂草或寄主的嫩部取食。三龄后白天伏在地表土中,夜间出来危害,动作敏捷。老熟幼虫有假死性,受惊缩成环状。

(2)防治措施

①农业防治 清除田园及四周的杂草,用黑光灯诱杀成虫。

第六章 番茄病虫害防治技术

②诱捕诱杀 一是春季用糖醋液诱杀越冬代成虫,糖、醋、酒、水的比例为 3：4：1：2,加少量敌百虫。将诱液放在盆内,傍晚时放到田间距地面高 1 米处诱杀成虫。第二天早晨收回盆或盆上加盖,以防诱液蒸发。二是采集新鲜泡桐叶,用水浸泡后于第一代幼虫期傍晚放入被害菜田,每 667 米^2 用 50～70 片叶,翌日清晨捕捉叶下幼虫。三是定植前即开始在田间吊挂频振式光控杀虫灯诱杀成虫,一般每栋温室挂 1 盏,每 2～2.7 公顷大田挂 1 盏。

③人工捉治 清晨扒开断苗周围的表土可捉到潜伏的高龄幼虫,连续捉治数天收效良好。

④药剂防治 一是防治三龄前幼虫。每 667 米^2 用 2.5% 敌百虫粉剂 1.5～2 千克喷粉,或每 667 米^2 用 2.5% 敌百虫粉 1.5～2 千克＋10 千克细土制成毒土,撒在植株周围。也可用 80% 敌百虫可溶性粉剂 1 000 倍液,或 50% 辛硫磷乳油 800 倍液,或 20% 氰戊菊酯乳油 2 000 倍液喷雾。二是虫龄较大时,可选用 50% 二嗪磷乳油或 80% 敌敌畏乳油 1 000～1 500 倍液灌根,杀死土中的幼虫。三是每 667 米^2 用 80% 敌百虫可溶性粉剂 60～120 克,用少量水溶解后与炒香的菜籽饼 4～5 千克拌匀,再拌入切碎的鲜草 20～30 千克制成毒饵,傍晚时撒在苗根附近诱杀。

7. 蝼蛄

(1)危害特点 棚室温度高,蝼蛄活动早。以成虫、若虫在土中咬食萌动的种子和初发的幼芽,或咬断幼苗的根颈。蝼蛄咬断处往往呈丝麻状,这是与蛴螬危害的最大区别。由于蝼蛄在表土层活动,常在地面见到穿成的隧道,隧道使幼苗根部与土壤分离,失水干枯而死。

(2)防治措施

①农业防治 秋后收获末期,及时大水灌地,使向土层下迁的成虫或若虫被迫向上迁移,并适时进行深耕翻地,把害虫翻上地表冻死。夏收以后进行耕地,破坏蝼蛄产卵场所。注意不要施用未

经腐熟的有机肥料,在虫体活动期,结合追肥施一定量的碳酸氢铵,放出的氨气可驱使蝼蛄向地表迁动。施石灰也有类似的作用。

②灯光诱杀 夏秋之交,选无风的夜间,在田边、地头设置灯光诱虫,在灯下放置有香甜味的、加农药的水缸或水盆进行诱杀。

③药剂防治 参考地老虎防治方法。

8. 蛴 螬

(1)危害特点 幼虫终生栖居土中,喜食刚刚播下的种子、块根、块茎以及幼苗等,造成缺苗断垄。成虫则喜食瓜菜、果树、林木的叶和花器。

(2)防治措施

①农业防治 施用充分腐熟的粪肥,减轻蛴螬危害。用黑光灯诱杀成虫,减少成虫产卵。大面积秋耕和春耕,并随犁拾虫,减少田间危害。

②药剂防治 一是每 667 米^2 用 50% 辛硫磷乳油 200～250克,加水 10 倍,喷于 25～30 千克细土上拌匀制成毒土,顺垄条施,随即浅锄,或撒于种沟或地面,随即耕翻,或混入厩肥中施用,或结合灌水施入。二是每 667 米^2 用 5% 辛硫磷颗粒剂 2.5～3 千克处理土壤,还可兼治金针虫和蝼蛄。三是每 667 米^2 用 2% 辛硫磷胶悬剂 150～200 克拌谷子等饵料 5 千克左右,或 50% 辛硫磷乳油 50～100 克拌饵料 3～4 千克,撒于种植沟中,还可兼治蝼蛄、金针虫等地下害虫。